LE ROUTIER DES INDES

ORIENTALES

ET

OCCIDENTALES:

TRAITANT DES TERMES les plus usitez de la Marine ; Des Saisons propres à faire Voyage : & des Anchrages & Profondeurs de plusieurs Rades , Havres & Ports de Mer. Avec une description de plus de trente Navigations differentes.

Par le Sieur DASSIE', C. R.

A PARIS,

Chez LAURENT D'HOURY, rüe S. Jacques , devant la Fontaine S. Severin, au Saint-Esprit.

M. DC. XCV.

Avec Privilege du ROY.

ROUTIER
DES INDES ORIENTALES
ET OCCIDENTALES.

EXPLICATION DES TERMES.

ALFAQVE, veut dire inégalité de fonds.

Alof, est venir au vent.

Aparcelado, veut dire un fonds vny & égal.

Archipelague, est vne partie de la mer, où il y a quantité d'Isles.

Banc & *Praxel*, c'est la mesme chose, est vn monceau de sable dans la mer, où les Vaisseaux sont en danger.

Baye, est vn petit Golfe.

Bosphore, est vn détroit de mer, & se prend ordinairement pour vn canal qui joint vne mer à l'autre.

Canaux, sont les intervalles de mer entre deux terres.

Craquas, sont des petites coquilles qui finissent en pointe par en haut, & s'engendrent dans le bois des Vaisseaux quand il se pourrit dans l'eau.

Ebe, est quand la mer retourne.

Escueil, est vn rocher où les Vaisseaux se peuvent briser & faire naufrage.

Falaises, sont des montagnes au bord de la mer.

Golfe, est vn bras de mer qui s'avance dans la terre.

Havre ou *Port*, est vne espace de mer prés de la terre, où les Navires peuvent demeurer en seureté.

A

Iſle, eſt vne terre environnée d'eau de toutes parts & ſeparée de la terre.

Iſtme, eſt vne eſpace de terre qui joint vne Peninſule à vn continent, *voyez* Peninſule.

Lembada, eſt vne terre fort inégale, avec pluſieurs coulées.

Morro, eſt vn rocher au ſommet d'vne montagne.

Mouton, ce ſont vagues de mer, qui heurtent contre quelque roche, & s'en retournent heurter contre vne ſeconde, & trouvant de la reſiſtence s'élevent fort haut.

Ouragans, ſont de tres-horribles tempeſtes, leſquels en 24. heures, & quelquefois en moins de temps font le tour du compas, & ne laiſſent ny rade ny havre qui leur puiſſe eſtre à l'abry, leſquels arrivent vers les Antilles & preſque toûjours depuis le mois de Juillet juſques à la my-Septemb.

Peninſule, c'eſt à dire, *Preſque-Iſle*, eſt vne terre environnée de mer, horſmis d'vn ſeul endroit, par où elle eſt jointe à vn continent. Les Grecs la nomment Cherſoneſe, & l'on ſe ſert quelquefois de ce dernier terme.

Le *Puchot*, eſt vn certain tourbillon de vent qui ſe forme dans vne nuë opaque, laquelle étant échaufée du Soleil (dans laquelle eſt enfermé vn tourbillon) donne vne ſi grande quantité d'eau que venant à tomber dans le Navire, le met en danger de perir.

Les *Raffales*, ſont certaines bouffées de vents qui s'engendrent dans les lieux mareſcageux, leſquelles eſtans repouſſées par la chaleur de l'air, roulent de ça & de là avec violence, & ſe precipitent des hautes montagnes dans la mer, leſquels appuyent ſi rudement ſur les voiles, que ſi l'on ne baiſſe promptement les huniers, on eſt en danger de perdre les mats : elles ſont frequentes à l'approche des coſtes qui ſont montagneuſes

Salam, en quelques ports de France eſt appellé *Teignant*, c'eſt vn eſpece de pierre comme grumeaux de ſable, qui ſe défait en la preſſant entre les doigts.

Travade, appellé par les François *Grain de vent*, eſt vn tourbillon de vent qui ſe rencontre d'ordinaire le long des

coſtes de l'Afrique, il ne dure qu'environ vne heure & demie; il commence par vn nuage qui ſe forme à l'Orizon
pendant le calme, lequel ſur la fin donne de la pluye.

Terreno, eſt le vent de terre qui ſe fait ſentir aux coſtes des
Indes Orientales, depuis minuit juſques à midy, & *Viracou*
eſt le vent de mer qui commence à midy.

Des Saiſons propres à voyager.

ON part de France pour aller aux Antilles, depuis le
15. Mars juſques au commencement d'Avril, & pour
aller en Canada juſques à la fin d'Avril.

On part de S. Chriſtofle & Iſles voiſines, pour revenir
en France vers la fin d'Aouſt juſques au 15. Septembre,
pour aller au Cap de bonne eſperance, il faut partir de
France à la fin de Février, & au mois de Septembre pour
aller à Moçambique.

De Mombaſe à Goa, la ſaiſon eſt en Mars & Avril, de
Goa au Cap de bonne eſperance, faut partir au mois de
Septembre, prenant ſa route vers Loueſt.

De Goa à Malaca depuis le 15. juſques à la fin du mois
de Septembre, afin d'y arriver à la fin d'Octobre.

De Goa au Japon, c'eſt à la fin d'Avril, allant premierement à Malaca pour y attendre les monſons propres pour
aller au Japon.

De Moçambique aux Indes Orientales, il faut partir au
mois d'Aouſt juſques au 15. de Septembre, à la faveur des
vents qui ſont reglez, faiſant le voyage en 30. jours: depuis
ce temps juſques en Avril on y ſejourne, & lors il arrive vn
autre vent contraire & favorable pour s'en retourner à Moçambique.

De Cochin en Portugal, paſſant par Moçambique, il
faut partir au plus tard au commencement de Janvier.

De Liſbone à Malacca au mois d'Octobre.

De Malaca à Liſbone au mois de Decembre.

Il faut paſſer le détroit de Sund ou de le Sonde en Decembre & en Janvier.

ROUTIER POUR LA NAVIGATION
des Indes.

VOYAGE DE FRANCE AV CAP DE
Bonne Esperance.

N met le Cap au Sudouest jusques au Cap de *Finis Terre*, jusqu'à ce qu'on soit à la veuë de l'Isle Madere, ou à l'Est de cette Isle, qui est environ à 33 degrez de latitude Nord, & en longitude un degré : mais si le vent ne permet pas de passer du costé de l'Est de cette Isle, & que l'on soit contraint de passer à l'Ouest, on s'en éloignera en prenant la route d'Ouest Sudouest, jusques à ce qu'on soit en la hauteur de 32 degrez 40 minuttes, & alors il faudra se tenir environ 20 lieuës loin de la pointe de Pargo pour éviter le calme qu'on trouve d'ordinaire vers cette pointe, de là il faut faire le Sud quart au Sud Ouest pour passer à la veuë de l'Isle de Palme.

Que si on prend sa route à l'Isle Madere, & qu'on en passe à dix lieuës, on gouvernera vers le Sud Ouest, en sorte qu'on puisse passer à la veuë de l'Isle de Palme environ dix lieuës vers l'Ouest, & si en tenant cette route, le vent venoit à changer & à estre moins favorable pendant qu'on est entre ces Isles, on pourra passer entre Teneriffe & la grande Canarie, prenant garde en cette route des Isles nommées les Salvages, sous la latitude de 30 degrez, où il est bon de n'y passer que de jour, & de faire bon quart : Cette Isle est au Sud de Porto-Sancto, elle est prise pour une Basse par quelques uns.

Apres qu'on a passé les Isles de Canaries, il faut prendre la route suiuante, la corrigeant si on se trouve trop à l'Est.

Quand on est à l'Ouest, & en veuë de l'Isle de Palme, il faut tourner de là au Sudsud Ouest jusques à la hauteur

(Route.

31 deg. 40 m.
Nord.

Route.

Route.

30 deg. N.

Route.

de 28 degrez pour se tirer d'entre ces Isles, & éviter les calmes qu'on y rencontre, puis Naviger au Sud quart, au Sud Ouest, jusques à 20 degrez de hauteur. **28 deg. N.**

Mais si on n'a point la veuë de l'Isle de Palme, & qu'on soit sous sa hauteur, & que par estime l'on en soit éloigné de 20 lieuës à l'Ouest, il faut tenir la route vers le Sud jusques à la mesme hauteur de 20 degrez, afin de passer par le milieu du Canal entre les Isles du Cap Vert, à la veuë de l'Isle de Palme, l'aiguille varie un peu plus de 5 degrez Nordest, & allant de là aux Isles du Cap Vert, elle varie tantost 3, tantost 4, & tantost 5 degrez Nordest: si l'on est plus à l'Ouest que le milieu du Canal, on aura plus grande variation, comme de cinq ou de six degrez, parce qu'en tirant du milieu du Canal vers l'Ouest, la variation de l'aiguille augmente un peu: au contraire, en tirant du milieu du Canal vers l'Est, la variation diminuë: les vents qui y regnent le plus sont des brises de Nordest, avec des pluyes douces. **20 deg. N. Route. Variation.**

Si entre 20 & 19 degrez de hauteur, l'aiguille varie six degrez Nordest, & que vous preniez la route du Sud quart au Sudouest, & du Sud, vous donnerez sur l'Isle S. Nicolas, & soyez asseurez que si en la hauteur de 20 degrez l'aiguille varie de six degrez, vous estes à l'Ouest du milieu du Canal, & que vous alliez vous jetter sur les Isles du Cap Vert, pour les éviter, il faudra faire alors vostre route Sud quart au Sudest, & vous vous remettrez ainsi au milieu du Canal, & passerez entre les Isles du Cap Vert & la terre ferme environ 30 lieuës à l'Est de ces Isles, & de-là vous tiendrez la route qui suit. **20 & 19 deg. Route. Route.**

De la hauteur de 20 degrez pour aller vers la ligne, il faut faire vostre route au Sud jusques à la hauteur de huit degrez Nord, & vous la dresserez suivant la variation de l'aiguille à qui vous donnerez quatre degrez Nordest, & allant ainsi pendant trois jours, la route vaudra le Sud quart Sudouest, supposé que vous ayez le vent en poupe: car si vous allez à la Bouline, il y faut avoir égard, & juger par vostre estime & le sillage du Vaisseau quelle à esté vostre route. **20 deg. N. Route. 8 deg. N.**

Faisant cette route, vous passerez 30 lieuës ou environ à l'Est des Isles du Cap Vert. En ce Parage, on a ordinairement des vents de Nordest & d'Est Nordest, jusques par les 6 degrez de latitude Nord, où l'on commence à trouver des Travades ou grains de vent : les signes ou marques qu'on trouve dans ce Canal, sont des Alcatras, & quelquesfois des Rilheiros, ou traces d'eau blanchastre, principalement si on est entre la terre ferme & le milieu du Canal ; car ces eaux blanchastres & Rilheiros approchent de la coste : quand on se trouve engagé dans ces eaux, il faut se tenir vers l'Ouest pour corriger le dechet du Vaisseau.

Depuis les 20 degrez jusques aux 8 de hauteur, la meilleure route qu'on puisse prendre, est d'aller vers le Sud pour éviter les courants : parce que lors qu'on a passé les Isles du Cap Vert, tant plus on approche de la coste de Guinée, tant plus les courans y portent, & estant par les 8 degrez à nonantes lieuës de la coste ou environ, les courants portent vers l'Est & le Sudest, & estant plus pres de la ligne à pareille distance de la coste de Guinée, les eaux courent au Nordest & au Nordnordest avec violence, principalement au temps de la pleine ou nouvelle Lune, car aux autres temps elles ne vont pas avec tant de vîtesse, & à cent cinquante lieuës de la coste, par les trois & deux de latitude Nord, les eaux courent à l'Oouest Nordouest & à l'Ouest.

Il est bon de tenir cette route, parce que bien souvent en la hauteur de huit degrez & au delà, vers le 7, on trouve des vents de Sudouest & de Sudsudouest : & estant à quatre-vingts dix lieuës de la coste de Guinée, vous pouvez encore faire vostre route au Sudest & au Sudest quart de l'Est, & vous approcher ainsi de la ligne : ce que vous ne pourriez pas faire, si estant en cette hauteur vous n'estiez qu'à 50 ou 60 lieuës de la coste, à cause que les eaux vous porteroient dessus en peu de temps.

Si l'on estoit party tard de France, crainte d'arriver vers les costes de Guinée à la fin de May, il faudroit prendre la route vers le Sud, depuis le 20 degré de hauteur jufques au 12, & en cette hauteur fe tenir à foîxante-dix lieuës de la cofte, & de-là il faudroit aller au Sudoueft, jufques à ce que l'on rencontraft les vents generaux, que vous rencontrerez à la hauteur de cinq degrez, fous cette hauteur il fera bon de fe tenir un peu plus pres de la cofte de Guinée pour prendre mieux le vent, afin de pouvoir doubler plus aifément le Cap de S. Auguftin de la cofte du Brefil.

-Arrivant à la cofte de Guinée en Avril, on trouve les vents generaux, qui font des vents de Sudfudeft & de Sudeft, depuis trois jufqu'à deux degrez de latitude Nord, & fi vous trouvez en ce Parage que l'aiguille varie de 4 degrez ou un peu plus, c'eft une marque que vous aurez fait bonne route, & vous ferez à quatre-vingts lieuës ou environ de la cofte de Guinée, & fi vous ne trouvez que trois degrez de variation, vous ne ferez qu'à quarante ou cinquante lieuës de cette cofte, mais fi l'aiguille varie de fix degrez quand vous ferez par les deux degrez de latitude Nord, alors vous ferez à environ cinquante lieuës de l'Eft de Penedo ou rocher de S. Pierre, & il fera neceffaire de tourner vers l'Eft fi le vent le permet, afin de l'avoir plus propre pour doubler le Cap de S. Auguftin en la cofte de Guinée.

Ces obfervations de l'aiguille font un moyen fort affeuré pour bien prendre fes routes, & pour fçavoir de quel cofté on doit tourner, & ainfi quand vous trouverez la variation de trois degrez, il faudra courir à l'abordée de l'Oueft, & fi elle eft de cinq degrez, il vaudra mieux courir à l'abordée de l'Eft: mais fi elle varie de quatre degrez Nordeft, il faudra dans le temps de vingt-quatre heures courir feize heures à l'Oueft & huit heures à l'Eft, tafchant de vous tenir éloigné de la cofte de Guinee de foixante-dix à quatre-vingts lieuës, tant que les Travados dureront, & que vous ne rencontrerez point des vents generaux

Quand on eft à la hauteur de trois degrez ou moins,

Vents Generaux. & qu'on entre dans les vents generaux, il faut prendre la route du Bresil, se tenant toûjours au LOF, & le plus

Route. pres du vent qu'on pourra, & s'il devient Sud, il faudra tourner plus à l'Est tant qu'il durera, prenant cependant à la distance ou l'on croit estre de la coste de Guinée : mais

Route. le vent general revenant, il faut cingler au Sudouest quart d'Ouest, & à l'Ouest Sudouest, & ne se point inquieter de suivre cette route, parce qu'à cent lieuës de la coste de Guinée ou environ, les eaux courent au Nordest, & on s'en apperçoit bien d'avantage quand la lune est pleine

Route. ou nouvelle. Or mettant le Cap au Sudouest quart d'Ouest,

Courants. on va droit à l'encontre des courants qui poussent le Vaisseau sous le vent : mais si on ne sent point de courants, il faut naviger avec beaucoup de circonspection, & regler sa

Variation. route sur la variation de l'aiguille & sur le sillage du Vaisseau, observant souvent cette variation & de combien elle change : Avec ces observations, il sera facile de prendre la vraye route, & de sçavoir le chemin qu'on aura tenu.

Degrez. Quand on est arrivé à la ligne Equinoxiale, avec les

Vents. vents generaux on trouve les vents les plus propres & les

Variation. plus favorables, & ils deviennent quelquesfois Est, & quelquesfois Est Sudest, & si l'aiguille varie alors de six degrez, c'est signe qu'on a pris la vraye route : mais si on en trouve sept on est trop à l'Ouest, & si alors le vent est Sudsudest, & qu'il vous permette de tourner à l'abordée d'Est, on est d'avis qu'on le fasse, afin de prendre le vent

Courants. avant que d'arriver au Parage, dans lequel les eaux courent vers l'Ouest : Car pour ce qui est du Parage dans lequel les eaux courent vers le Nordest, il n'est pas si dangereux, parce que le vent qu'on y trouve sert à vous en tirer. Et ne vous fiez pas aux Routiers qui vous disent, que si estant sous la ligne l'aiguille varie de sept degrez vous estes dans la vraye route, car ces Routiers ne disent pas vray.

Il est fort à propos de faire bon quart dans la route que vous ferez vers le Bresil, & de prendre garde de prés aux vents qui se leuent, remarquant bien aussi le sillage du Vaisseau, & la variation du compas : car ces observa-

tions

tions importent beaucoup pour faire une bonne naviga-gation ; ne vous laffez point d'aller au lof & le plus prés du vent que vous pourrez, jufques à ce que vous foyez paffé les Ifles de l'Afcenfion & de la Trinité, qui font par les 20. deg. latit. fud. vous trouverez les vents d'eft, & d'eft fud eft, jufques à 4. deg. de latit. auftrale, & quelquefois avant cette hauteur, ils deviennent plus contraires, fe tournant au fudeft & continuent jufques à ce qu'on foit à la hauteur de 8. degrez, & apres les vents d'Eft & d'Eft-nordeft font plus ordinaires.

Depuis la hauteur de 8. degrez en continuant le voyage, il ne faut point approcher de la cofte du Brefil que de qua-tre-vingts à cent lieuës pour tenir la vraye route, en ce pa-rage on a les vents d'Eft-nordeft ; & fe tenant éloigné de la cofte du Brezil de cent trente lieuës, ils font plus favora-bles & moins orageux : mais ils font plus foibles jufques à la veuë des Ifles de Martin-vas.

En la hauteur de 17. degrez allant à 18. fi l'aiguille varie de 13. degrez & demy-Nordeft, vous eftes dans la vraye route, & vous pafferez entre les Ifles de l'Afcenfion & de la Trinité : que fi elle varie 12. degrez, vous eftes prés de l'Ifle de l'Afcenfion du cofté de Louéft.

Si par les vents contraires on n'avoit pas bien gouverné, on venoit à la veuë de l'Ifle de Sainte Barbe, qui eft pres des Abrolles du cofté de Loueft, il n'eft pas abfolument necef-faire pour cela de relâcher en Portugal, parceque le vent de Sudeft qui eft le plus contraire au voyage ne dure pas long-temps, il tourne ordinairement & fe met au Sudfudeft & au Sud, & avec ces vents on peut gagner la mer vers l'Eft & fe fauver ainfi des bancs des Abrolles : & pendant le temps que dutera le vent contraire, on pourra loüier Nord-eft & Sud-oueft, jufques à ce que le vent general revienne.

Les Abrolles font bancs qui commencent à l'Ifle fainte Barbe, & s'eftendent vers l'Eft, jufques en la hauteur de 18 deg. 30 min. Pres de cette Ifle on a fonds à 16. braffes, & tirant de la vers l'Eft, il augmente toufiours, on eft d'avis de laiffer cette Ifle au deffous du vent.

Quand on paffe entre l'Ifle de l'Afcenfion & celle de la

B

Trinité, il faut veiller de prés à la conduite du Vaisseau, parce qu'on n'est pas bien seur encore de la situation de ces Isles à l'égard l'une de l'autre, celle de la Trinité est à la hauteur de 20 degrez & quelques minutes, bien que les Cartes ne la mettent qu'à 19 degrez, l'aiguille y varie de 14 degrez 30 min. Nordest.

Apres avoir passé les Isles de l'Ascension & de la Trinité, on a des vents variables, tantost de l'Est, tantost du Nordest, qui se levent principalement au temps de la nouvelle Lune, mais ils ne sont pas de durée, & sont suivis des vents d'Ouest, d'Ouest Nordouest, d'Ouest Sudouest, & de Sudouest.

Quand on est à la hauteur de 23 degrez, il faut de là en avant faire sa route Estquart au Sudest, jusqu'à ce qu'on soit Nord & Sud, avec la plus grande des Isles de Tristan de Cunha : il faut dans cette route prendre garde de prés au sillage du Vaisseau, quels vents on a, leur force, & avoir égard à la variation de la Boussole : En pointant vostre Carte, ne donnez qu'un Rumb ou onze degrez de variation à l'aiguille dans tout ce Parage d'entre ces Isles de l'Ascension & de la Trinité, jusqu'à ce que vous soyez Nord & Sud avec celle de Tristan de Cunha, donnant seulement cette variation à l'aiguille, & suivant cette route vous naviguerez seurement, quoy qu'à 130 lieuës ou environ à l'Ouest de ces Isles l'aiguille varie de 19 degrez : car de là, la variation va toûjours en diminuant jusqnes au Cap des Aiguilles où elle est fixe.

Touchant le voyage des Islez de l'Ascension & de la Trinité à celles de Tristan de Cunha, on a remarqué que l'étenduë de Mer qui est entre deux, n'est pas si grande qu'on la suppose dans les Cartes.

Quelques Pilotes disent aussi que le chemin de l'Isle de l'Ascension au Cap de Bonne Esperance, est plus court qu'on ne le fait, ce qui ne se trouve pas veritable, parce que leur erreur vient que lors qu'ils courent sur leurs Cartes, ils ne marquent qu'un quart de variation Nordest, & le surplus de variation qu'il y a les trompe, & leur dérobe le chemin qu'ils font autrement qu'il n'eſt.

On tient qu'il eſt plus ſeur de ne s'approcher point de ces Iſles de Triſtan de Cunha, parce que la Mer y eſt toûjours ſujette à de grandes tempeſtes : c'eſt pourquoy quand on ſera arrivé à la hauteur de 32 à 33 deg. il faut tenir Nord & Sud avec ces Iſles. A 60 lieuës ou environ au Nord de ces Iſles, l'aiguille varie de 15 deg. qui eſt la meilleure marque qu'on puiſſe avoir pour connoiſtre quand on eſt juſtement au Nord de ces Iſles. En faiſant cette route de Triſtan de Cunha au Cap de Bonne Eſperance, on trouve des Tanays, des grands Corbeaux qui ont le bec gris, & des Faiioys, qui ſont des oyſeaux grands comme des Pigeons tachetez de noir ſur les ailes, & qui ont les pieds comme les Oyes : mais il ne faut pas prendre ces oyſeaux pour un ſigne aſſuré, car ils vont tantoſt d'un coſté tantoſt d'un autre cherchant leur vie, & on les trouve tantoſt plus à l'Eſt & tantoſt plus à l'Oueſt.

Eſtant par les 32 à 33 degrez Nord & Sud avec les Iſles de Triſtan de Cunha, & trouvant la variation de l'Aimant de 15 degrez, il faut prendre la route à l'Eſt autant que le vent le permet, & la dreſſer ſuivant la variation de l'aiguille ſans rien rabattre : que s'il ne fait point de Soleil, & que vous vouliez ſçavoir combien voſtre aiguille varie, il faudra diminuer un degré de la variation pour chaque 29 lieuës de chemin que vous aurez fait : car on obſerve ſouvent cette proportion, & ne donnant qu'un quart de variation à l'aiguille depuis l'iſle de l'Aſcenſion juſques au lieu où l'aiguille ne varie que de 15 degrez Nordeſt : ſçavoir à 60 lieuës au Nord de la plus grande des Iſles de Triſtan de Cunha, & depuis ce lieu juſques au Prazel ou Banc des Aiguilles, luy donnant toute ſa variation, & la diminuant d'un degré à chaque fois qu'on avance ſon chemin de 29 lieuës : vous aurez toûjours la veüe du Cap, ou du moins vous trouverez fonds ſur le Banc.

Aprés qu'on a paſſé les Iſles de Triſtan Cunha, en allant vers le Cap, on trouve des monceaux d'herbe nommée *Sargaſſo*, que les Portuguais appellent *Mantas de Bortaon,*

& des tiges d'un efpéce de rozeaux qui ont plufieurs racines à l'un de leurs bouts, qu'ils nomment *Trombas*, on
en trouve en plus grande quantité lors qu'on approche plus
de ce Cap, & auffi felon que l'hiver a efté plus ou moins
grand dans le Païs, parce que les courants qui tirent vers
le Sudoueft les entraînent, d'où vient que lors qu'il a fait
un grand hiver à la cofte, ils s'en éloignent d'avantage, &
on en rencontre en plus grand nombre aux endroits où
les courants les pouffent.

Proche du Cap & de la cofte, on trouve de ces *Trombas* en grande quantité, & auffi le long de la cofte d'Angola, & dans les Anfes du Cap, qui font vers Agoada de
San Bras, on en void avec leurs racines toutes fraîches fans
avoir de ce limon durcy qui fe change en coquilles, marque
qu'ils font arrachez fraîchement de terre : mais ceux qu'on
trouve plus avant en mer en font tous pleins, ce qui eft
une preuve qu'ils viennent de la cofte, & qu'ils ont efté
portez en Mer par les courants qui fortent des Anfes, &
non pas des Ifles de Triftan de Cunha : car s'ils en ve-
noient, on verroit à l'entour en plus grande quantité,
& avec les racines plus fraîches & plus nettes qu'on ne
les y trouve, joint que les courants ne vont pas de ces Ifles
vers l'Eft pour les porter de là vers la cofte, ce qui fait dire qu'ils viennent du Cap, & non pas des Ifles.

Quand on approche de cent lieuës du Cap de Bonne
Efperance du cofté d'Oueft, on commence à voir de grands
oyfeaux, comme ceux que les Portugais appellent *Cotos*,
lefquels ont les aîles grifâtres & le refte du corps blanc, on
les nomme *Gaynotons* ou *Mauuettes*, & on les trouve par
troupes, & en bien plus grande quantité entre le Cap &
l'Agoada de San Bras : mais quant on eft vis-à-vis du Cap,
on rencontre d'autres oyfeaux blancs qui ont le bout des
aîles noirs : on les nomme *Manche de Veloux*, on les void
par bandes flottant fur l'eau, entre le Cap & l'Agoada de
San Bras : mais quand le vent vient de terre, ils ne s'en
éloignent pas beaucoup : on y trouve auffi des Loups Marins qui font grands comme des chiens, & ont le poil ti-

rant sur le gris : tous ces animaux se voyent en plus grande quantité vers l'Agoada de San Bras, à cause qu'il y a beaucoup de poisson dont ils se nourrissent.

Quand on approche du Cap d'environ 50 lieuës du costé d'Ouest, on rencontre des troupes de petits oyseaux d'un gris cendré, on les appelle *Borelhos*, & plus pres du Cap & tour au tour, on voit sur l'eau des Corbeaux noirs, fort petits, qui ont le bec blanc, comme aussi d'autres oyseaux nommez *Cagalhos*, qui ont les aîles larges, courtes & tachetées de blanc par les extremitez : quand on verra grande diversité de ces oyseaux en Mer & en quantité, c'est signe qu'on est pres du Cap & de la coste : mais on n'en rencontrera pas tant si on est à trente-six degrez de hauteur.

Pour aller au Cap des Aiguilles, il se faut mettre à la hauteur de 35 degrez 40 min. & si vous avez moins de hauteur, vous irez droit à terre, & aurez beaucoup de peine à vous en éloigner, parce que la Mer y est d'ordinaire fort orageuse, & pousse les Vaisseaux vers la terre, joint qu'à la veuë du Cap, le plus souvent il s'éleve des vents du Sud qui sont contraires à vostre route, de maniere qu'il est plus seur de se mettre à 35 degrez 40 min. ou à 36 degrez, & estant en cette hauteur, on ne sçauroit passer devant le Cap des Aiguilles sans trouver fonds, parce que le banc qui est devant s'étend fort loin vers le Sud, & on y aura 70 à 80 brasses de menu sable blanc.

Au Cap Falso, qui est 15 lieuës à l'Est du Cap Bonne Esperance, on trouve le fonds de vaze molle & comme délayée, & pour le connoistre mieux, on enveloppe le plomb d'un linge auquel s'attache la vaze : Plus pres de la coste tout joignant ce banc, on trouvera fonds de menu sable noir & grisastre : & allant de ce banc à la Baye de Saint Sebastien, on aura le fonds de gros sable gris, si on en est éloigné de la coste de 15 à 20 lieuës : & n'en estant qu'environ six lieuës, on trouve fonds du menu sable noir. Depuis la hauteur de la Baye de Saint Sebastien jusques à San Bras, le fonds est de gros sable grisastre, meslé de petites coquilles & de Burgalhaos ou Caracoles de Mer. Voicy les Sondages de ce fonds.

Eſtant ſur le Prazel ou banc des Aiguilles à la veuë de la terre, on aura 50 juſques à 60 braſſes : eſtant à 20 lieuës en Mer, on trouvera 80 braſſes, & allant du Sud de ce banc vers l'Eſt, à 15 lieuës ou environ de la coſte, on aura 75 à 80 braſſes fonds de gros ſable, meſlé de coquillages : lors que vous ſerez à 25 lieuës ou environ de la coſte en Mer, le fonds ſera de 120 braſſes juſques à 130, tant qu'on ſoit Nord & Sud avec la baye de San Bras, la veuë de laquelle en eſtant éloignée de huit lieuës ou environ, on aura 90 braſſes fonds en partie de vaze, & plus pres de terre, on aura le fonds de gros ſable & de carracoles, & ſi vous ne voyez point la terre depuis la baye de San Bras juſques à celle de la Lagoa, vous ne trouverez point de fonds. Si vous prenez bien garde à ces Sondes, & quand l'aiguille commence à tourner vers le Nordoueſt, vous connoiſtrez le Parage où vous ſerez, & ſi vous eſtes à l'Eſt ou à l'Oueſt du banc des Aiguilles.

Que ſi vous voulez pourſuivre voſtre voyage vers Goa, & que vous ſoyez arrivé au Cap des Aiguilles au mois de Juillet, il faudra pourſuivre ſa route entre la terre ferme & l'Iſle de Madagaſcar : mais ſi vous n'y arrivez qu'en Aouſt, il vaudra mieux paſſer par le dehors de cette Iſle, à cauſe qu'en ce temps-là on y trouve les vents plus forts & de plus longue durée, & ainſi on peut arriver en moins de temps à Goa, & avec plus de ſeureté que ſi on paſſoit entre l'Iſle & la terre.

AVIS POUR SCAVOIR SI LA VARIATION
aura augmenté ou diminué.

COmme il y a long-temps que ce Routier, tant aux Indes Orientales qu'Occidentales, a eſté mis en lumiere par Alexis de la Motta, & par Hugues Linſcot, qu'on ignore la datte, & que la variation change par ſucceſſion de temps (comme il a eſté remarqué par des obſervations

Anciennes & Modernes:) c'eſt pourquoy les Pilotes au-
ront ſoin d'obſerver la variation & corriger la route ſelon
que la uariation aura augmenté ou diminué, & pour ſçavoir ſi la variation aura augmenté ou dîminué: Vous remarquerez qu'au lieu où elle a eſté plus grande, ſoit vers
Nordeſt ou Nordoueſt, la variation a maintenant diminué, & de ce lieu allant vers l'Eſt, elle diminuë, & vers
l'Oueſt elle augmente, & pour la quantité de variation,
il faut avoir égard ſi elle augmente peu ou beaucoup allant
dans la meſme paralelle: car ſi elle augmentoit peu, la difference n'en ſeroit pas ſi grande: mais il y aura pluſieurs
degrez de difference ſi elle augmentoit peu ou diminuoit
beaucoup en peu d'eſpace, allant vers Eſt ou vers Oueſt.

NAVIGATION DEPVIS LE CAP DE LOPO
Gonſalues à la Riuiere de Congo & Angola vers le Sud, en la Coſte de Guinée & Ethiopie.

FAISANT voile vers le Cap de Lopo-Gon-
ſalves, qui git à la hauteur d'un degré tout au
moins, du coſté Meridional de la Ligne, à la
coſte de Guinée en Ethiopie: Ladite coſte s'é-
tend Nordoueſt & Sudeſt, le pays eſt plat & de longue
eſtenduë. Depuis la profondeur de 9 ou 10 braſſes vers le
pays, le fonds eſt par tout de menu ſable d'Horloge, excepté prés de Cabo de Catherine, là où ſe trouve gros ſable & pierres au fonds.

Si vous voulez naviger le long de cette coſte avec quelque avantage, il faut anchrer toutes les nuits juſqu'à-ce
que les vents Terreinos qui ſoufflent vers la terre ſe levent, tenant ainſi voſtre cours juſques à la veuë des Vi-
racoins qui ſoufflent du coſté de la Mer, pour derechef
ſingler vers terre, juſqu'à-ce qu'il faſſe calme ou que vous
veniez ſur la profondeur de 10 braſſes, alors vous pouvez
anchrer.

Les Vents ont leur temps reglé, que si les courants & les
vents alloient toûjours d'un mesme cours, on peut tourner
incessamment d'un costé à l'autre, en se tenaut du costé
droit. La conjonction ou la concurrence des courants des
vents se fait avec une nouvelle Lune, deux jours devant
ou apres, & trois jours devant qu'elle soit pleine. Que si
vous preniez vostre cours de l'uu des costez à l'autre, vous
vous reglerez de telle sorte que vous soyez toûjours au
matin pres de la coste pour joüir des vents qui viennent
du costé de la terre.

Vous connoistrez ce pays de longue estenduë, lors que
vous verrez certaines grosses Collines ou Montagnettes,
appellées *Las Sieras de Sancto Spirito*, & quelque peu plus
avant se voyenr encore deux autres Collines fort aisées à
connoistre, en cét endroit le fonds est valleux. Quelque
peu plus avant vous vérrez une haute Montagne en dedans le Golfe nommée *Palmela*, à cause de sa ressemblance
qu'elle a à une autre Montagne qui est entre Lisbonne &
Setuval. Vous verrez encore un peu plus avant dans le
mesme Golfe, un pays qui s'étend Nord & Sud, ayant
bord-à-bord du rivage une grosse Colline plate, nommée
Cassays, à cause de la ressemblance qu'elle a avec celle qui
est pres de Lisbonne.

Vous prendrez garde si le vent se levoit avant que d'a-
voir anchré en cette contrée, de caler voile pour voir si
le Navire peut tirer hors, & s'il ne peut, demeurez posé
jusques à ce que le Viracoin se leve du costé de la Mer:
car en cét endroit les courants sont fort rapides vers la Riviere de Congo en dehors : de façon que le Navire ne
peut tirer hors. Venant aussi avant que le bois de Palmiers,
à Palmeria, vous jetterez vostre meilleure anchre, car
le fonds de ce travers est vase molle, ainsi les anchres
veulent à grande peine prendre, & glissent souvent dehors.

Lors que vous serez à la riviere de Congo sur la profondeur de 30 à 40 brasses vous perdiez le fonds, vous
ferez alors tourner l'Horloge de sable, & estant écoulé,

jettez

jettez la fonde, & incontinent vous vous trouverez fur la profondeur de 10 ou 12 braffes de l'autre cofté de ladite Riviere, & finglerez à un jet de pierre de là, quelque peu plus ou moins : le meilleur cours eft tout joignant de la cofte, autrement vous ne fçauriez entrer dans la Riviere à caufe de la force des courants qui donnent en cét endroit beaucoup de peine : car ce font les plus grands & les plus forts courants qui fe trouvent en aucun endroit, & paffant 12 lieuës avant en Mer.

Allant de Congo à Angola en la mefme Navire qu'il a efté dit cy-deffus, & venant à 36 degrez plus ou moins plus avant, vous verrez une haute Montagne, pres de laquelle git Ailha de Loanda, laquelle ne fe voit point fi vous n'eftes pres de terre, à caufe qu'elle eft fort baffe & platte. Si vous approchez de terre à la hauteur de fix & fept deg. vous viendrez à l'emboucheure de ladite Riviere de Congo, vous en verrez plufieurs marques eftant à dix lieués de là en Mer, à fçavoir, des grands courants de Rozeaux épais, d'herbe & de l'écume de Mer : & venant pres de terre à la hauteur de fept degrez, & fept & demy, vous verrez par tout un pays bas avec des arbres. Vous trouverez par tout en ce pays à la hauteur de 18 à 20 braffes un bon fonds à deux lieuës & à deux lieuës & demie du pais. On voit en cét endroit au rivage de la Mer, des Dunes blanches qu'on diroit eftre le rivage mefme. Le prochain fonds eft meflé de petites pierres à la hauteur de fept ou huit degrez.

La cofte qui a cinq degrez vers le Sud eft entierement haute, & le fonds qui en eft proche Vafeux : à une lieuë la profondeur eft de 30 & 35 braffes bon fonds. La cofte eft belle par tout fans qu'il y ait rien à craindre, que ce qui fe voit : c'eft-à-dire, depuis le fept jufques au huitié-me degré, & quand au pays jufques au huitiéme degré vers le Sud, il eft fort haut. Venant du cofté de la Mer vers terre à fept degrez & demy, vous verrez fept Montagnes ou Collines, qui s'étendent Nordoueft & Sudeft appellées *las Sept Serras.*

Approchant de terre à huit degrez & trois quarts, vous verrez une pointe qui s'étend vers l'Eſt, & eſt ſemblable au Cap de S. Vincent en la coſte d'Eſpagne, venant pres de terre à la hauteur de neuf degrez tout au plus, ſi vous jettez la veuë vers le Nord & Nordeſt, vous verrez la meſme pointe avec quelques Dunes blanches, qui s'avancent en Mer : ce que vous ne devez pas craindre, car il y fait beau par tout, & vous pouvez hardiment approcher de terre pour la reconnoiſtre.

Eſtant à la meſme hauteur de neuf degrez tout au plus, vous verrez à l'Eſt vers la coſte une Montagne ronde, nommée *Monte Paſchal*. La pointe ſuſdite avançant au Nordeſt, l'autre terre s'étend au Sudoueſt, qui eſt la derniere terre en dehors de l'Iſle de Loanda. La coſte qui vous git au Sud, eſt une haute terre, ayant au deſſous au pied quelques montagnes blanches & rouges, & quelques petits arbres deſſus qui ſemblent comme figuiers d'Algrave en Eſpagne.

Pour entrer en ladite Iſle de Loanda, vous dreſſerez voſtre cours droit du coſté de la terre, qui vous git au Sud, & en approcherez hardiment à une demie lieuë pres : Là vous découvrirez ladite Iſle au Sudoueſt, laquelle eſt fort baſſe, & de ſable blanc, ainſi à peine la peut-on voir, ſi ce n'eſt quand on en eſt fort pres. Là eſt le Havre d'Angola. Cette Iſle eſt ſemblable à l'Iſle appellée *Ailha des Cariins* pres du Cap de *Sainte Marie* au pays d'Algraves en la coſte d'Eſpagne, elle eſt baſſe comme celle-là, mais quelque peu plus longue, ayant 7 lieuës de longueur.

Pour entrer en cette Iſle, vous dreſſerez voſtre cours vers la pointe du Nordeſt, laquelle vous approcherez à un jet de pierre ſans rien craindre, car vous y avez la profondeur de quinze braſſes, & par tout en dedans il y a bon fonds : Là eſt la rade du coſté de l'Iſle, ou du moins fort pres ; depuis ladite Iſle juſques à terre ferme, il y a un quart de lieuë, on n'en peut découvrir l'entrée que lors qu'on en eſt pres, & s'il y a quelques Vaiſſeaux dans le

Havre, vous les verrez avant que diſcerner l'Iſle, & pa-
roiſtront comme des arbres ſur terre. La derniere pointe
au boût de cette Iſle du coſté du Nordeſt, git juſtement à
la hauteur de huit degrez : pourtant ne vous laiſſez tromper par les Cartes des Geographes, y en ayant quelques-
unes que ſe rapportent à neuf degrez, les autres à neuf
& demy.

VOYAGE DE LISBONNE A MALACA
en la ſaiſon d'Octobre, afin d'y arriuer en Auril, qui eſt
le temps auquel les vents d'Oueſt regnent en la Coſte de
l'Inde.

1. **P**ARTANT en la ſaiſon du mois d'Octobre de Liſbonne pour aller à Malaca, il faut
ſuivre la route qui eſt marquée dans le Routier pour faire le voyage de Liſbonne au Cap
de Bonne Eſperance, en la ſaiſon de Mars, comme auſſi
celuy du Cap de Bonne Eſperance à Moçambique, & obſerver tous les avertiſſements qui y ſont donnez.

2. Quand on eſt à la veuë de la Fortereſſe de Moçambique ou en ſa hauteur, il faut gouverner au Nord, en
ſorte qu'on puiſſe avoir la veuë de la grande Iſle de Comoro : & l'ayant découverte, il s'en faut eſloigner d'environ
18 lieuës vers le Nord, & de la gouverner au Nordeſt quart
Nord, de façon que la route vaille le Nord Nordeſt juſques à eſtre par les quatre degrez Sud, ou peu moins, &
que vous ſoyez Sudeſt & Nordoueſt avec la pointe de la
Baſſe de Patras, & au Nordoueſt d'elle, environ 35 lieuës
de ce Parage, il faut gouverner en ſorte que la route vaille
Eſt Nordeſt, juſqu'à ce que vous ſoyez dans le canal des
Iſles de Mamale, qui eſt en la hauteur de neuf degrez
45 minuttes.

3. En paſſant par ce canal des Iſles de Mamales, faites
voſtre poſſible pour voir l'Iſle de Cubello, ou de Melique,

14 deg. Sud.
Route.

11 deg. Sud.
Route.

9 deg. 45 m. Sud

 ou de Pelipene, d'où il faut gouverner de forte que la route vaille le Sudeft, jufques à quatre degrez de latitude Nord, & lors que vous ferez en cette hauteur, il fera bon que vous foyez Nord & Sud avec la pointe de Galle de l'Ifle de Ceïlan, & vers le Sud environ 45 lieuës.

4. Pour aller de cette hauteur ou Parage au canal des Ifles de Nicubar qui font par les 7 degrez 30 minuttes de latitude Nord, il faut gouverner en forte que voftre route vaille l'Eft quart Nordeft pendant la moitié de ce chemin, & dans l'autre moitié qui refte, il faut que la route vaille l'Eft Nordeft, & de cette façon on aura la veuë de ces Ifles, & on paffera par leur canal qui eft à fept degrez trente minuttes, & pour connoiftre ces Ifles & ce Canal, il faut voir ce qui en eft marqué dans le dix-huitié-me article cy-deffous.

5. Ayant paffé les Ifles de Nicubar, il faut fingler vers Pulobutum ou Pulopera; Nicubar & Pulobutum gifent Eft, peu au Sud, & un peu au Nord, & de l'une à l'autre il y a 90 ou 100 lieuës.

6 Pulobutum eft par les 6 degrez 45 minuttes de latitude, & voicy comme vous connoiftrez cette Ifle. Lors que vous viendrez à la Mer vous découvrirez vers l'Eft une haute terre ronde qui eft baffe pres de la Mer, & il y a Bois, Ifles fort petites qui font toutes proches l'une de l'autre, & du cofté du Nord il y a huit Iflettes, & quatre du cofté du Sud, & dans le canal qui eft entre la grande Ifle & celle qui eft vers la Mer, il y a une autre Ifle du cofté du Sudeft, où on trouve de fort bonne eau qui eft pres d'une pointe baffe.

7. Pulopera eft une petite Ifle ronde, fur laquelle il y a des arbres, elle eft par les cinq degrez 40 minuttes de latitude, & git avec l'Ifle de Nicubar Eft quart Sudeft, & Oueft quart Nordoueft, & il y a cent lieuës de l'une à l'autre.

8. De Pulopera à Pulopinao il y a 15 lieuës : Pulopi-nao eft par les 15 degrez 15 minuttes de latitude, quelque peu plus, fa longueur eft de cinq lieuës, & s'étend

le long de la coſte, elle eſt haute par le milieu, elle a une Morre ou Tertre rond à ſa pointe qui regarde le Nord, & devant le milieu de ſa longueur, & un Iſlet rangeant ſa coſte, on trouvera qu'elle fait une Anſe ou Baye moyennement grande, qui a ſon rivage de ſable, & au Cap qui ferme cette Anſe, il y a un Iſlet, dans lequel on peut faire aigade, la pointe de cette iſle eſt raze & plate.

9. Pulopinao git avec Puloſambillao Nord & Sud, de Pulopinao ſort un Prazel ou Banc, qui continuë juſqu'à la pointe d'une terre haute qui eſt tout proche de Brauas ; ce Prazel s'avance deux lieües en Mer, il y a cinq braſſes d'eau à ſon entrée : mais plus pres de terre il y a plus de fonds qui eſt de vaſe, lors que la pointe de cette haute terre vous demeurera à l'Eſt quart Nordeſt de Puloſambilao, & allant le long de la terre, vous appercevrez que c'eſt une Iſle. De Pulopinao à Puloſambillao, il y a 22 lieües.

10. A quelques ſept lieües de l'iſle de Puloſambillao vers la Mer eſt l'iſle de Jarva qui eſt en quatre degres de latitude, peu moins, elle eſt petite, ronde, & couverte d'arbres, elle a de l'eau douce du coſté de Sudeſt, mais peu : dans la plus grande des iſles de Puloſambillao qui ſont les plus pres de terre, on y en trouve quantité, & au milieu de cette Iſle du coſté du Nord, il y a un Morro ou Tertre de part & d'autre, duquel eſt une Praya ou Greve de ſable où il y a de fort bonne eau. Il y en a auſſi dans les trois autres Iſles, on peut paſſer entre ces Iſles ſans crainte, parce qu'on y trouve 25 & 28 braſſes d'eau.

11. Pour paſſer par le grand Canal, il faut gouverner au Sud quart à l'Eſt, & aller vers les Iſles de Daru, qui ſont à la coſte de Sumatra. Ce ſont cinq Bancs couverts d'arbres.   Route.

12. Quand vous ſerez vis-à-vis de ces Iſles, il faudra gouverner au Sudeſt quart Eſt & à l'Eſt Sudeſt, & vous irez par 10 ou 12 braſſes vers Puloparcelao, qui eſt une haute Montagne que l'on prend de loin pour une Iſle : elle eſt dans une terre fort baſſe & platte que l'on ne peut voir qu'en eſtant tout proche.   Route.

13. Si on veut paſſer par le Canal qui eſt pres de la terre, il faut gouverner de Puloſambillao le long de la coſte à la diſtance d'une lieüe, & lors que vous ſerez vis-à-vis des Iſlettes qui ſont à la coſte, vous verrez Puloparcelar, & il faudra s'éloigner de terre & gouverner au Sudeſt juſques au Cap Raſchado, or trois lieües avant que d'y arriver, il y a une Bâſſe à une demie lieüe de terre, c'eſt pourquoy en ce Parage il ne faut point approcher de la coſte plus pres d'une lieüe.

14. Entre Puloparcelar & le Cap Raſchado, la coſte eſt fort baſſe & unie, couverte d'arbres le long de la Mer, elle git Sudeſt & Nordoueſt, peu plus à l'Oueſt, il y a de l'une à l'autre 12 lieües, le Cap Raſchado eſt à 2 degrez 30 min. peu plus, & de là à Malaca il y a ſept lieües, il faudra tirer droit aux Iſles qui ſont au dela de Malaca pres de terre, où eſt l'iſle de Preda qui eſt petite, raze, il faut s'en éloigner de quelque demie lieüe, parce qu'elle a une Batture du coſté du Sud. Malaca eſt à deux degrez, peu plus de latitude Nord, & l'anchrage où mouïllent les Navires eſt devant la Ville, il faut mouïller ſur cinq braſſes & demie de baſſe Mer, de façon que l'iſle Das Naos vous demeure à l'Eſt, la Forterreſſe au Nordeſt, & l'iſle de Pedra à l'Oueſt Nordoueſt.

15. Vous devez ſçavoir que partant de Liſbonne au mois d'Octobre, il faut prendre peine d'arriver dans la fin du mois d'Avril en latitude de quatre degrez au Sud de la pointe de Galle qui eſt en l'iſle de Ceilan, parce que dans le mois de May les vents de Sud commencent en ce Parage, & ils ſont quelquesfois ſi impetueux, qu'on eſt obligé de leur tourner la Poupe, & de relâcher, ainſi qu'il eſt arrivé en pluſieurs embarquements, où on a eſté contraint de retourner, & ſe ſauver à Goa, mais apres que la premiere furie eſt paſſée, le vent s'appaiſe & devient plus doux & plus propre à faire la route qui eſt enſeignée pour arriver à Malaca en cette ſaiſon.

16. Il faut auſſi eſtre averty que depuis les quatre degrez de latitude juſques aux Iſles de Nicubar, il faut avoir

beaucoup d'égard à la variation de l'aimant, pour tenir la
vraye route, comme auſſi aux courans, qui dans les An-
ſes de Bengala dans le temps que regnent les vents d'Oueſt,
& avec les vents d'Eſt, ils vont de ces Anſes en dehors
vers la pleine Mer, de maniere qu'eſtant à 20 ou 30 lieües
des iſles de Nicuba, on trouve de ſi grands courants qu'on
s'imagine eſtre ſur quelque baſſe, c'eſt pourquoy il faut
de neceſſité y avoir égard.

17. Si vous vous trouvez par les 6 degrez 15 minuttes
de latitude, vous pourrez paſſer par un Canal qui eſt entre ces Iſles, il y a une lieüe & demy de large & 12 ou 13
braſſes d'eau, & il n'y a rien à craindre ny à ſe garder,
que ce qu'on void, & à la fin de ce Canal joignant l'Iſle la
plus au Sud de ce Canal eſt ſix degrez 15 minuttes.

18. Pour connoiſtre le Canal des Iſles de Nicubar qui
eſt par les 7 degrez 30 min. il faut ſçavoir qu'à ſon entrée
il y a quatre Iſlets, trois deſquels ſont demie lieüe de
l'Iſle : ceux-là ſont grands & haut élevez, l'autre eſt petite, à quelques trois lieües de l'Iſle la plus au Sud de ce
Canal, il y a un autre grand Iſlet, qui eſt rond & fort
plat, qui reſſemble à Lezira : & regardant vers le Nord,
on découvre une autre Iſle qui eſt par les huit degrez, &
à l'entrée de cette Iſle on voit une Lombade ou terre haute & baſſe, & à l'autre bout elle eſt platte comme une
raze campagne.

19. Quand vous ſerez au milieu de ce Canal qui eſt par
les 6 degr. 30 min. vous verrez une autre Iſle aſſez proche,
comme celle dont j'ay parlé, qui eſt en la hauteur de 8 deg.
& de l'une à l'autre il y a 2 lieües : elle eſt pareillement raze à des Iſles de Nicubar, à celle-là, il y a 7 lieües, il n'y a
rien à craindre aux environs de ces Iſles, ny rien à éviter
que ce que l'on void, & à la fin de ce Canal il y a une Morro ou terre ronde, au pied duquel eſt un Iſlet, il faut prendre garde de ne point paſſer par le Sud des Iſles de Nicubar
à cauſe de celles d'Achen, & il faut faire tous ſes efforts
pour paſſer par les Canaux dont j'ay parlé, encore qu'on
puiſſe auſſi paſſer par les 8 degr. 30 min.

VOYAGE DV CAP DE BONNE ESPERANCE
à Moçambique & à Goa quand on paſſe entre la terre ferme & l'Iſle de S. Laurens.

SI on trouve fonds au Prazel ou banc des Aiguilles, ou bien ſi on a eu la veüe du Cap de Bonne Eſperance ou de la coſte, & qu'on ſoit à la fin du mois de Juillet ou devant, il ſe faut éloigner de la coſte pour ſe guarantir des vents de Sud qui y regnent ſouvent avec grande violence, & des grandes vagues qui s'y briſent rudement & jettent les Vaiſſeaux ſur la coſte, outre qu'eſtant proche de la terre, les Marées vous portent dans les Anſes & bras de Mer qui ſont à la coſte, car elles courent vers le Sudoueſt, & vous empeſchent d'avancer: d'où vient qu'il eſt plus ſeur de s'éloigner de la coſte, & de voguer au Sudeſt quart à l'Eſt les deux premiers jours, & puis tourner à l'Eſt quart au Sudeſt, tant qu'on ait avancé 150 lieües, & qu'on ſoit à 80 lieües ou environ de la coſte.

En eſtant à cette diſtance, il faut prendre ſa route vers l'Eſt Nordeſt juſques à la hauteur de trente & un degré & obſerver exactement la route du Vaiſſeau, quand on approche de la hauteur de l'Iſle de S. Laurens, il faudra tourner au Nordeſt quart d'Eſt, tant qu'on ſoit pres de cette Iſle, l'on en pourra prendre la veüe depuis la hauteur de l'Iſle de S. Laurens, juſques à 22: car toute cette coſte eſt fort nette. Dans toute cette route on doit avoir grand ſoin de remarquer les vents, le ſillage du Vaiſſeau, & la variation de l'aiguille, & on doit avoir égard à toutes ces obſervations en pointant la Carte dans toute cette route. J'ay trouvé que la variation eſt Nordoueſt juſques aux Iſſettes Brûlées, ou Ilheos Quemados, juſques à la barre de Goa: j'ay trouvé quel Nordoueſt, & voicy quelles eſtoient les variations en ce temps-là.

Eſtant

Eſtant dix lieuës au Sud du Cap de Bonne Eſperance, l'aimant varie un degré Nordeſt.   Variation.

A la veuë du Cap Falço, l'aimant varie d'un demy degré Nordeſt, à la veuë du Cap des aiguilles l'aimant eſt fixe.

A la veuë de la Baye de S. Sebaſtien, l'aimant varie d'un degré & demy vers le Nordoueſt.

A la veuë de l'Ayguade de San Bras, il varie de trois degrez Nordoueſt.

A la veuë de la terre de Natal, il varie de ſept degrez Nordoueſt, en la hauteur de 32 degrez, & eſtant en la meſme hauteur 60 lieües en Mer : ſçavoir vers Eſt, il varie huit degrez & demy.

En la hauteur de 28 degrez, à 50 lieües ou environ de la coſte, l'aimant varie dix degrez Nordoueſt.

En la hauteur de 25 degrez, à 60 lieües ou environ de la coſte, il varie 12 degrez Nordoueſt, & ſi vous allez plus en Mer, vous trouverez d'avantage de variation Nordoueſt.

A la veuë de l'Iſle de S. Laurens, en la meſme hauteur de 25 degrez, l'aimant varie 15 degrez Nordoueſt.

A la veuë de la meſme Iſle ou ſur ſon Prazel, en la hauteur de 20 degrez, il varie de 14 degrez 40 minuttes Nordoueſt.

A la veuë de l'Iſle de Jan de Nova, il varie de 13 degrez & demy, & paſſant entre cette Iſle & la terre ferme, à peu pres par le milieu du Canal, il varie de treize degrez Nordoueſt.

A la veuë des Baſſes de Judia du coſté de l'Eſt, l'aimant varie de 13 degrez Nordoueſt : Environ 20 lieües à l'Oueſt de ces Baſſes, il ne varie que de 12 degrez ou peu plus Nordoueſt, eſtant environ 25 lieües à l'Eſt des meſmes Baſſes, il varie 14 degrez Nordoueſt, ſur le Prazel ou banc de Sofalla à 18 degrez de latitude, à veuë de terre, il varie de 12 degrez Nordoueſt.

A la veuë de Moçambique, il varie de 11 degrez 30 min. Nordoueſt.

A la veuë de la pointe de Sud où eſt l'Iſle de Commoro,

D

 l'aimant varie 13 degrez 30 minuttes Nordoueſt.

A la veuë du Cap Delgado, il varie de dix degrez 40 minuttes Nordoueſt.

A la veuë de Zanzibao, il varie de 11 deg. Nordoueſt.

A la veue de la coſte Deſerte, en la hauteur de 3 degrez 30 min. Nord, il y a 17 degrez de variation Nordoueſt.

A la veüe de l'Iſle de Sacotora, & proche la pointe du coſté de l'Oueſt, où eſt l'anchrage, il y a 18 degrez de variation Nordoueſt.

A la veüe des Iſlots Brûlez, ou Ilheos Quemados, & de la Barre de Goa, il y a 16 degrez de variation, ou peu s'en faut. On a obſervé toutes ces variations pluſieurs fois, le Vaiſſeau ne branlant point, avec une Bouſſole bien preparée, & en temps fort ſerain : de maniere qu'il ne faut point douter qu'elles n'ayent eſté bien priſes, on les tient pour certaines, ayant eſté obſervées avec toutes les precautions requiſes.

Quant on on va vers l'Iſle de Saint Laurens, il arrive parfois qu'en eſtant aſſez proche, l'on trouve les vents d'Eſt-Sudeſt, qui ne ſont pas bien propres pour en approcher ſi pres qu'on en puiſſe avoir la veüe, & bien ſouvent on ne rencontre qu'à grande peine aſſez de vent pour gagner juſques à 25 degrez, afin qu'y eſtant, on puiſſe avoir la veüe de l'Iſle avec ce vent, & eſtant arrivé à la hauteur de 24 juſques à 22 degrez, & ſe tenant éloigné de 10 lieües de l'Iſle vers Oueſt, on prendra ſa route vers le Nord juſques à la hauteur de l'iſle de Jean de Nova, dont il ſe faut bien donner de garde, principalement de nuit, à cauſe qu'elle eſt petite & baſſe, & toute entourée de bancs, & il ſera bon d'en paſſer à 10 lieües vers Oueſt, parce que lors que vous en eſtes à la veüe, les eaux vous portent vers elle.

Eſtant par les 25 degrez, ſi vous ne voyez point l'iſle de S. Laurens, il faut gouverner toute la nuſt au Nord ainſi qu'elle gît, & le jour eſtant venu on tâchera d'en approcher, & de la voir en changeant ſa route, & corrigeant le dechet qu'on aura eu pendant la nuit, & vous gouvernant en cela

fuivant la variation de l'aiguille, laquelle eftant de 14 deg. Variation.
& demy Nordoueft, vous ferez au milieu du Canal d'entre
l'Ifle & les baffes de Judia, & quand vous ferez en la hauteur de 24. degrez, fi le vent vient de l'Eft, il n'y a point de
temps à perdre, & fi on veut avoir la veüe de l'Ifle, il faut Route.
tourner vers le Nord Nordeft, & on découvrira l'ifle de
Jean de Nova, dont il fe faut donner de garde, la varia- Variation.
tion eft de 13 degrez & demy Nordoueft, lors qu'on en a la
veüe.

Si on ne peut paffer entre l'ifle de Saint Laurens & les
baffes de Judia, & qu'on ne foit pas bien affuré de quel
cofté on laiffe ces baffes, il faudra prendre garde de bien
pres à la navigation, ne manquant pas de faire monter un
homme de jour fur le Matereau, & de nuit fur le Beaupré,
& bien regarder fi on n'appercevra rien en Mer quand le
Soleil eft preft de fe coucher, & apres avoir continué la
route à l'ordinaire dans toute l'efpace de Mer qu'on aura
pû découvrir au foir, il faudra baiffer les voiles, & s'ar-
reftant, mettre le Vaiffeau de travers, & demeurer ainfi
jufques au matin, & c'eft en cette forte qu'on doit ordon-
ner fa Navigation, jufques à ce qu'on ait paffé la hauteur de ces bancs.

La pointe des baffes de Judia du cofté du Sudeft, eft en la
hauteur de 22 degrez, & l'autre pointe qui eft du cofté du
Nordoueft eft à 21 degrez 10 minuttes, & ayant paffé
cette hauteur, & en trouvant moins, & ne découvrant
point ces baffes ny l'ifle de S. Laurens, il faut aller Nordeft Route.
ou Nord Nordeft, felon le cofté de ces baffes, par lequel
vous croyez avoir paffé, & faire en forte que vous laiffiez
l'ifle de Jean de Nova, environ 10 lieües à l'Eft. On trouvera à la fin de ce Routier comme gifent ces baffes, & com-
ment on les connoiftra.

Ces baffes font fort dangereufes, parce qu'en allant à Baffes.
l'ifle de Saint Laurens, & gouvernant au Nordeft, elles fe
prefentent droit en travers & par le milieu, parce qu'un
de fes coftez git Nordoueft & Sudeft, & s'étend bien loin:
c'eft pourquoy il ne fait pas bon naviger en fa hauteur que

D ij

de jour, & il ne faut point hazarder de paſſer par là, ſi on n'eſt au delà du 21 degré pour le moins, & il n'y a point de ſeureté ſi ce n'eſt qu'on ait eu veuë de l'iſle de Saint Laurens.

Les courants d'eau & le coſté où ils courent, ſont les marques par leſquelles on peut connoiſtre dans ce Canal ſi on eſt entre la Baze ou Banc de Judia & l'iſle de S. Laurens, ou entre la meſme Baſſe & la coſte de Sophala, les autres marques ſont peu conſiderables : Pres l'iſle de Saint Laurens, on trouve de grands courants qui ſont peu conſiderables, qui pouſſent les Vaiſſeaux vers les terres : A l'Oueſt de la meſme Iſle, environ 15 lieües, & à la hauteur de 22 degrez, les eaux courent vers le Sud le long de l'Iſle par les 22 degr. ou moins, & à vingt-deux lieües ou moins de l'Iſle, les eaux portent au Nord par le milieu du Canal d'entre les baſſes de Judia à la coſte de Sophala, les eaux courent à l'Oueſtſudoueſt & au Sudoueſt, & ces courants ſont plus ou moins forts, ſelon les vents qui regnent à l'âge de la Lune, parce que ſi en la pleine ou nouvelle Lune, on a des vents de Nord, les eaux courent avec beaucoup plus de violence vers ce Rumb en ce Parage, & ſi le vent eſt de Sud, elles iront par ce Rumb le long de l'Iſle S. Laurens.

Si on rencontre dans ce Canal pluſieur petits rozeaux entrelaſſez & branches de Sargaſſe, qu'on nomme *Queuë de Renard* parce qu'elles leur reſſemblent, & avec cela beaucoup d'œufs ou fray du poiſſon, il faut regarder ſouvent ſi on ne découvrira point l'iſle de Saint Laurens, parce que c'eſt une marque qu'elle n'eſt pas bien éloignée, mais ſi on rencontre peu de ces ſignes, on eſt au milieu du Canal d'entre l'Iſle & les Baſſes, & ſi on en eſt encore plus loin, ſçavoir à l'Oueſt des Baſſes, pas un de ces ſignes ne paroîtra, ſi vous prenez voſtre cours près la coſte de Sophala, vous rencontrerez pluſieurs Baleines : il eſt arrivé qu'allant par cette route au mois d'Octobre, on a eſté emporté en demy jour par les courants & le vent, depuis l'iſlette de la Caldeira, juſques à l'iſle Raza, qui en eſt éloignée de

25 lieües vers l'Eſt, & le jour ſuivant on vit tous les ſignes de Sargaſſe dont je viens de parler, mais on n'y ap-
perceut point de Baleines.

Il faut eſtre bien attentif en ce Parage à conſiderer la
couleur de l'eau, & ſi vous ne la reconnoiſſez pas bien,
jettez ſouvent la ſonde. Que ſi vous eſtes au commencement du Prazel ou Banc de l'iſle de Saint Laurens en
latitude de 20 degrez ou moins, vous aurez 40 braſſes
de fonds de gros ſable & de pierres, & quand vous aurez fonds à 30 braſſes ou moins, vous aurez la veuë de
l'Iſle, & irez donner au travers des Alfaquez qui ſont
ſur le Banc, & ſont fort dangereux : En un endroit vous
aurez 15 braſſes d'eau, & incontinent apres vous n'en
trouverez que ſept ou encore moins, & toute à l'heure
vous reviendrez à plus grande hauteur : c'eſt pourquoy
depuis le lieu où vous aurez 30 braſſes, n'approchez point
plus pres de l'Iſle avec de grands Vaiſſeaux : il ne faut
loüier ſur ce banc à cauſe de ſes Alfaques, & parce que
les courants pourroient en peu de temps pouſſer le Vaiſſeau en terre. Si on a le vent contraire, il ne faut point
approcher plus pres que de 25 juſques à 20 braſſes de
profondeur.

Sur le Banc ou Prazel de Sophala, qui eſt en la hauteur depuis les 20 degrez juſques à 18 on trouve le fonds
ſans voir la terre, parce que le Banc en cét endroit s'é-
tend bien loin, & que la coſte eſt fort baſſe : & ainſi à
22 lieües ou environ, on a 30 & 25 braſſes de fonds, ſable menu & blanc, & en quelques endroits il y en a de
rouçeaſtre : à 15 lieües ou environ de la coſte, ou trouve
20 braſſes & le fonds de meſme : à 12 lieües ou environ
de la coſte, on a 13 ou 12 braſſes, le fonds eſt de ſable
grandement délié & blanchaſtre, avec de petites coquilles, & à quelque ſix ou ſept lieües de la coſte, on trouve
neuf & dix braſſes d'eau, il y a auſſi des Alfaques dans
ce Parage comme au Prazel ou Banc de Saint Laurens,
c'eſt à quoy il faut bien prendre garde. Quand vous aurez 30 braſſes d'eau, ne paſſez pas outre vers un lieu où

Banc.

D iij

vous en ayez moins, principalement avec de grands Navires, tels que sont les Caraques de Portugal : il faut alors gouverner Est Nordest pour sortir dehors en Mer, & si le vent ne vous le permet pas, mouïllez l'anchre en attendant un vent plus favorable.

Si vous ne voyez point la terre par les 22 degrez ou moins de latitude, la variation de l'aiguille vous fera connoistre sur lesquels des Bancs vous estes, parce que si elle varie de 12 degrez Nordouest, vous serez sur celuy de Sophale, & si vous trouvez 14 degrez 40 minuttes, vous serez sur celuy de Saint Laurens : c'est la meilleure marque qu'on puisse avoir en ce Parage, pour connoistre sur lequel de ces Bancs on est, & si vous vous y rencontrez observez ce qui suit.

Si le vent est Nord Nordest & Nord, qui est le plus contraire qu'on puisse avoir, & si l'aiguille Nordouest varie de 13 degrez, tournez à l'Est : que si elle est Nordouest de 14 degrez, tournez vers Ouest, & loüiez en cette maniere jusqu'à ce que le vent devienne favorable, & ne vous hazardez pas d'entrer plus avant sur ces bancs, mais suivez la regle que je vous donne : sur tout, observez soigneusement la variation : je vous donne ces avis parce que des Pilotes s'estans trouvez en la hauteur de 19 degrez avec ce vent de Nord, & reglant ainsi leur route pendant 15 jours ils ne firent rencontre d'aucun de ces bancs, & les eaux les porterent hors du Canal qui est entre la terre ferme & l'isle de Jean de Nova.

Quand on passe à l'Ouest de l'isle de Jean de Nova, & qu'on est en sa hauteur, il faut gouverner au Nordest jusques à la hauteur de Moçambique, & si vous voulez aborder à la Forteresse, il vous faut mettre en sa hauteur, faisant toûjours bon quart, & prenant bien garde au cours des eaux, dont celles qui sont plus à l'Ouest que le milieu du Canal, portent vers le Sudouest durant tout le mois de Septembre, & en Octobre, elles vont quelquesfois au contraire vers le Nordest : que si vous n'avez point affaire à la Forteresse, quand vous estes en ſa hauteur, il faut gouverner au Nordeſt quart de Nord, & au Nordeſt, & faiſant cette route vous paſſerez à la ueuë de l'iſle de Comoro. Route.

Si vous avez trouvé fonds ſur le Banc ou Prazel de Sophala, en latitude de 20 degrez ou moins, & que vous vouliez paſſer de la Moçambique, il faut vous donner de garde d'une Baſſe qui eſt en la hauteur de 17 degrez 30 min. & à l'entrée des premieres Iſles d'Angoza, parce qu'elle eſt fort dangereuſe, elle eſt au Sudoueſt de l'Iſle où l'on a accoûtumé d'allumer des feux pour ſervir de ſignal aux Navires de Portugal: cette Iſle eſt petite, & c'eſt la premiere du coſté du Sudoueſt, elle eſt couverte de pluſieurs grands arbres: c'eſt au Sudoueſt de cette Iſle qu'eſt cette grande Baſſe qui a bien deux lieuës de long, & en baſſe Marée la Mer brize fort deſſus, & de haute Marée on ne voit qu'une couronne de ſable qui eſt à l'extremité de la Baſſe du coſté du Nordeſt, & entre cette couronne & cette Iſle du feu. Il y a un Canal par lequel on peut paſſer & ſortir d'entre les premieres Iſles d'Angoza, ſans qu'il y aît d'autre lieu par ou on puiſſe déboucher en pleine Mer. Baſſe.

On peut paſſer par entre la terre ferme & les premieres Iſles d'Angoza, par un Canal qu eſt entre elles & la coſte, qui s'étend Eſt Nordeſt, & Oueſt Sudoueſt, où on trouve 10 à 12 braſſes d'eau, le fonds y eſt fort net. Si vous avez deſſein d'aller vers ces Iſles, approchez-vous-en plus pres que de la terre ferme, & ſi vous y abbordez de nuit, jettez l'anchre ſur huit braſſes de profondeur. Quand vous aurez paſſé l'Iſle de Palmeiras qui eſt la derniere de toutes, & au Nordeſt des premieres, vous ſerez hors de ce Canal; elle eſt à quelques quatre lieuës de la terre ferme, ne vous approchez pas ſi pres de terre, que vous n'ayez toûjours au moins 24 braſſes d'eau.

A l'entrée de ce Canal il y a une Baſſe dont j'ay déja parlé, qui eſt environ à huit lieuës en Mer: à demie lieuë de cette Baſſe il y a plus de deux cent braſſes d'eau, & à une portée de Mouſquet, environ 40 braſſes, & tout contre il n'y a que 11 braſſes, le fonds eſt de Salam gris avec quelques pierres : ſi vous vous trouvez ſur le banc de Sophala en hauteur de 19 ou 18 degrez, éloignez-vous de la coſte, & vous mettez en Mer environ 15 lieuës, ſinglant à l'Eſt Nordeſt, pour éviter ces Baſſes & Iſles.

Ayant paſſé les Iſles d'Angoxa ſur cette route, trente lieuës avant que d'arriver à Moçambique, & continuant le voyage le long de la coſte, il faut gouverner au Nord & quart à l'Eſt, de maniere qu'on navige le long de la coſte à la diſtance de 4 lieuës, & ſi on ne voit point la terre, il faudra gouverner au Nordeſt de nuit, & de jour s'approcher de la coſte, ſe donnant garde d'une roche & d'un banc qui eſt ſur la meſme route à 12 lieuës de Moçambique, on l'appelle *Mogiucalle* ; ce banc eſt éloigné de la coſte de deux lieuës, & a trois braſſes de fonds qui eſt de ſalam dur : Vis-à-vis de cette Baſſe, on voit à la coſte de terre ferme des grands arbres, ſemblables à des Pins ; il faut naviger en ce Parage ſur 25 braſſes d'eau, car ſi vous n'en avez que 15, vous irez droit donner ſur cett Baſſe.

Quand on ſingle le long de cette coſte, on voit à ſix lieuës de Moçambique, quelques collines couvertes de bois, qu'on appelle les *Carraques* ; il ſemble de loin que ce ſoit des Iſlets, à cauſe que le reſte de la coſte eſt plat & uny : Cette coſte n'eſt pas bien nette, c'eſt pourquoy il n'en faut pas approcher de ſi pres, qu'on ait toûjours au moins 20 braſſes d'eau, & navigeant ſur cette profondeur en ſe tenant éloigné de la coſte de 4 lieuës en Mer, on fera bonne route.

Cinq lieuës avant que d'arriver à Moçambique, il y a une pointe de terre baſſe, au long de laquelle eſt une grave ou rivage de ſable, & quelques arbres qui paroiſſent comme des Palmiers plantez dans l'eau, il y a là une Riviere, nommée le *Mocambo* ; quand on a paſſé cette pointe, la terre ſe cache, & on n'en voit point d'autre que l'Iſle de Moçambique.

Voicy les marques & connoiſſances de l'Iſle de Moçambique.

bique, elle a une Montagne haute & ronde, qu'on appelle *le Pain* : elle est en terre ferme dans le Pays, & estant en Mer on voit ces 2 Montagnes separées l'une de l'autre, & la Table au Nord du Pain, si on vient du costé du Sudouest : Mais venant du costé du Nord, on verra le Pain au dessus du costé du Sudouest : & venant du costé du Nordouest, ou verra le Pain à costé de la Table.

La Forteresse de Moçambique est sous la hauteur de 14 degrez 45 min. Sud : elle a devant soy deux Islets, ras & à fleur d'eau, sur lesquels on voit quelques arbres : ces Islets sont éloigez de la Forteresse vers la Mer, d'environ demie lieuë, & sont tout entourez de basses du costé de la Mer, ils gisent l'un avec l'autre quasi Nord Nordest & Sud Sudouest : celuy de Nordest s'appelle l'isle de S. Georges, & l'autre de S. Jacques ; entre ces Islets il y a un Canal par lequel peuvent passer des Vaisseaux de deux ou trois ponts, les Vaisseaux qui ont quatre ponts passent par le Canal qui a d'un costé l'isle de S. Georges & les isles des Arbres, & de l'autre Cabeceira.

Quand on veut passer par le Canal qui est entre l'isle de S. Georges & Cabeceira, il se faut donner de garde d'un banc ou bas fonds, qui de l'isle de S. Georges se jette assez avant en Mer vers l'Est Nordest : n'approchez point si pres de cette islete que vous ayez moins de sept brasses d'eau, & allant par cette profondeur, si-tost que vous découvrirez la Plage qui est du costé de l'Ouest de l'isle de S. Georges, vous avancerez ayant toûjours le plomb en main, & jettez l'anchre en un lieu où il n'y ait point de pierre, mais du sable : & si un pilote n'avoit jamais entré par ce Canal, si-tost qu'il aura découuert la Forteresse, qu'il fasse tirer quelque coup de canon, afin de faire venir un Pilote du Port, qui sçache l'entrée de la Barre.

Si vous avez besoin d'entrer dans la barre de Moçambique, mettez l'isle de S. Georges sur celle de S. Jacques, en sorte que ces deux ne semblent estre qu'une seule Isle, & navigeant sur 8 brasses, allez droit à un Hermitage nommé S. Anthoine, qui est à la pointe de l'isle de Moçambique

du coſté du Sudoueſt où il y a une grande plaine couverte
de Palmiers,& quand vous trouverez 12 braſſes d'eau allant
par le Canal, tournez du coſté du Nord, preſque comme
ſi vous alliez vers la Montagne qu'on appelle le Pain, &
de cette façon vous éviterez la baſſe qui eſt en la pointe
de Cabeceira, qui vous demeurera à main droite, & eſtant
devant Noſtre-Dame du Boulevert, qui eſt un Hermitage ſitué au pied de la Fortereſſe du coſté de l'Eſt, il ſe faut
donner de garde d'un bas fonds ou banc de ſable, qui va
de cét Hermitage en Mer, & avoir toûjours la ſonde à la
main par le milieu du Canal, & paſſant au delà de ce bas
fonds, & eſtant vis-à-vis de la pointe de la Fortereſſe qui
s'avance vers le Sudoueſt, il vous en faut tenir éloigné de
la portée du mouſquet, & apres avoir paſſé cette pointe,
& vous trouvant à l'abry de la Fortereſſe & devant la porte,
moüillez l'anchre ſur ſix braſſes : mais comme ce Canal a
beaucoup de bancs de ſable ou bas fonds, dont on ſe doit
donner de garde, il faut beaucoup d'experience pour y
entrer, & c'eſt le plus ſeur de prendre un Pilote du Port,
& y entrer à demie marée, parce que alors on apperçoit les
pointes des baſſes & batures, contre leſquelles la Mer venant à briſer, les fait plus aiſément reconnoiſtre : il faut
auſſi eſtre averty que les eaux courent beaucoup vers ces
Iſlettes de S. Georges & de S. Jacques : quand on les cô-
toye pour entrer dans le Canal, il s'en faut éloigner, &
n'en approcher pas ſi pres qu'on n'ait au moins dix braſſes d'eau juſqu'à ce que l'on ſoit à l'entrée & à la bouche
du Canal qui eſt entre l'iſle de ſaint Georges & la baze de
la Cabeceira.

VOYAGE DE MOÇAMBIQVE A GOA
dans la saison du mois d'Aoust , jusques à la fin duquel il fera bon partir , & non plus tard.

1. IL fait bon partir de la barre de Moçambique pour aller à Goa pendant tout le mois d'Aoust: Quand on est hors de la barre il faut gouverner au Nordest, prenant la route de l'isle de Commoro, qui est en latitude de 11 degrez 40 min. cette Isle est fort haute à ce qui en paroist de loin, & au milieu de sa hauteur on voit comme une separation : elle a 14 lieües d'étenduë, à trois lieües de sa pointe de Sudouest, il y a une basse, sur laquelle la Mer ne brise point, il est mieux de ne s'approcher point de cette Isle, & il faut gouverner au Nord quand on la voit pour s'en éloigner, & n'estre point embarassé dans ces calmes : à six lieües ou environ de cette Isle presque au Sud, il y en a une autre qui est aussi fort haute, & entre ces deux Isles, il y a beaucoup de fonds, & tout y est fort net.   *Route.*

2. A la veuë de l'isle de Commoro, & vis-à-vis de sa pointe du Sudouest, on trouve 13 degrez & demy de variation, & à la veuë de l'isle de Querinba, l'aiguille ne varie que de 11 degrez : & par cette observation encore que vous ne voyez que l'isle de Commoro, vous sçaurez si vous estes proche de l'isle de Querinba ou de celle de Commoro, parce que dans le milieu du Canal d'entre ces deux Isles, l'aiguille Nordoueste de douze degrez, & si le calme survenoit, il vous faudroit donner de garde des courants qui viennent de l'isle de Commoro, qui portent à l'Ouest la plûpart du temps.   *Variation.*   *Courants.*

3. Estant à l'Ouest de l'isle de Commoro environ vingt lieües, il faut gouverner au Nordest quart Nordest pour s'éloigner de la basse du Patram, c'est-à-dire du Patron, & arrivant à sa hauteur de nuit, il faut gouverner au Nord   *Route.*

quart Nordoueft jufques au matin, afin de l'éviter : quelquesfois dans cette route le vent devient échars ou un peu
contraire : mais lors qu'on a paffé cette baffe, on le trouve
plus favorable, à l'Eft de la mefme baffe environ 50 lieues,
l'aiguille Nordouefte de 13 deg. & un peu plus:mais quand
on en eft plus pres on trouve 14 degrez & demy.

4. Ayant paffé la hauteur de la baffe du Patram, il faut
gouverner à l'Eft Nordeft, jufques à la hauteur des iflets
Quemados, ou Brûlées, qui font en la hauteur de 16 degrez Nord, & il fera bon lors que vous arriverez en cette
hauteur, d'eftre à fix-vingts lieües ou environ de la cofte
d'Inde.

(marginale : Ces Ifles font tout joignant la Cofte de Goa.)

5. Par cette route, on voit quelquesfois vers la Ligne
de l'eau fort blanche, mais il ne s'en faut pas mettre en peine, car on ne trouve point de fonds par tout ce Parage de
la Ligne, & eftant à l'Eft d'Oybo environ 70 lieües, on a
14 degrez de variation Nordoueft, & paffant plus à l'Eft,
elle augmente beaucoup.

6. Quand vous aurez paffé la Ligne Equinoxiale, pour-
fuivant voftre route vers l'Eft Nordeft, vous trouverez que
l'aiguille augmente de beaucoup fa variation jufques à la
hauteur de 14 degrez Nord, & de là elle continuë encore
à s'augmenter jufques à ce qu'elle foit de 19 degrez & plus,
ce qui arrive à 80 lieües à l'Eft de l'ifle de Sacotora, & de
là en avant la variation diminuë jufques aux iflets Quemados, ou brûlez, où elle n'eft que 16 degrez un peu moins,
& jufques à la barre de Goa où elle n'eft que de 15 & demy
N O, & c'eft la meilleure marque qu'on puiffe avoir pour
connoiftre fi on eft pres des iflets brûlez.

(marginale : Variation.)

7. Il y a encore d'autres moyens & connoiffances par
toute cette route, de la Ligne allant vers Goa, qui font
des Efcreviffes ou petits Cancres rouges, des Rabos Forcados, des Rabos de Jonco, des Garagenes, des Francel-
hos, d'autres Oyfeaux femblables à des Cailles, des Alcatras qui ont la pointe des aîles noires, & des Arvelos: tous
ces Oyfeaux viennent de la cofte d'Arabie, & parce qu'ils
font toûjours en Mer pour chercher leur vie, & qu'ils vont

par tout où ils trouvent à repaistre, & apres se reposent sur la Mer ; je ne les tiens pas pour des marques bien assurées du lieu où on est : mais je donne cét avis, afin que ceux qui n'ont point encore navigé en ce parage, sçachent ce qu'on rencontre en cette route, tantost plus vers l'Est, & tantost plus vers l'Ouest.

8. Quand on est par les neuf à dix degrez de latitude de Nord, on trouve souvent des vents fort contraires, & des courants qui vont vers le Sudouest, quand on est à 70 lieües ou environ de la coste : mais quand on en est plus pres, les eaux courent à l'Ouest Nordouest, & ces courants sont beaucoup plus forts en pleine ou nouvelle Lune qu'en autre temps, & ils suivent le monson du vent qui regne : car lors que les vents d'Ouest commençent, les eaux courent vers le Nordest à 40 lieües ou environ de la coste : mais dans le temps des vents d'Est, elles vont vers l'Ouest Sudouest & Nordouest, comme j'ay dit ; je crois que ces courants sortent des canaux des Isles maldines, & des basses, des Chagas & de tous les autres canaux qui forment la diversité des basses & des Isles qui sont dans le Parage des sept Hirmanas ou des sept Sœurs de Saya de Maha, & des Isles de l'Amirante, & qui de là courent à l'Ouest Nordouest, jusques à ce qu'ils rencontrent les autres courants qui sont le long de la coste de la deserte, & qui courent selon les monsons des vents qui regnent ainsi qu'il a esté dit.

9. Quand vous trouverez ces courants estant en la hauteur que je viens de dire, & que la variation n'augmentera point, sçachez que vous estes dans leur plus grande force, & pour vous en tirer, il faut gouverner au Nordest & au Nord Nordest ; par cette route vous vous détournez de ces courants, & vous trouverez incontinent que la variation de l'aiguille augmentera ; car en cette hauteur & parage, elle varie pres de 2 quarts ou rumbs ou 22 deg. 30 min. N O, & ainsi fait le Nord Nordest & le Nord quart de Nordest jusques à ce qu'on ait passé l'embouchure du détroit, où est la plus grande force des courants, lesquels ne

portent jamais vers le détroit de la Meque, comme on verra par ce que j'en dis dans la defcription de l'ifle de Sacotora à la fin de ce Routier où cela eft expliqué exactement, & comme il eft en effet.

10. Apres avoir paffé la hauteur de douze degrez Nord, & n'ayant point eu la veuë de l'ifle de Sacotora, il faut prendre la route à l'Eft Nordeft, & à l'Eft quart Nordeft, jufques à ce qu'on foit à la hauteur de feize degrez, & de tourner à l'Eft quart Sudeft, & continuer ainfi toûjours en la mefme hauteur : or environ quarante lieües avant que d'arriver à terre, on trouvera fonds fur un banc qui s'étend Nord & Sud, fur lequel on a 50 braffes d'eau : mais incontinent apres on n'a plus de fonds, paffant outre vers la terre, on verra des couleuvres fur l'eau jufques à cent lieües loin à l'Oueft de la barre de Goa, & felon que l'hyver a efté grand on les trouve plus pres ou plus loin de la cofte, parce qu'elles en fortent avec les creves d'eau & les inondations, quand on eft à 15 lieües ou environ de la cofte, on a fonds de vaze à 40 braffes.

11. Dans le temps de la pleine & nouvelle Lune, on a pour l'ordinaire de grandes tempeftes à la cofte d'Inde au mois de Septembre ou au commencement d'Octobre, & ce font des vents de Sud & de Sud Sudoueft qui viennent avec grande impetuofité : ce qui pourroit mettre en danger un Vaiffeau qui fe trouveroit proche de la cofte, ou qui feroit à l'anchre avec fa charge : c'eft pourquoy fi on eft à telle diftance de la cofte qu'on y doive arriver l'un de ces jours là, il fera bon de s'arrefter pour n'y aborder que le lendemain, afin d'éviter cette tempefte.

12. Les meilleures marques qu'on puiffe avoir pour connoiftre quand on eft pres, font des corbeaux noirs qu'on voit fur l'eau par bandes, des os ou écailles blanches de feche, de l'écume formée en rond qu'on nomme *Toftoes* & *Vinteis*, une efpece de glaire avec des faletez de Mer & des œufs ou fray de poiffon : quand vous verrez ces fignes vous pourrez eftre affurez d'eftre aupres de la cofte de Goa & des Vinteis.

13. Les Iſlets Quemados ou Brûlez ſont au nombre de onze, les uns plus grands & les autres plus petits : celuy qui eſt le plus en Mer eſt à une lieüe ou environ de la coſte : de ces Iſlets à la barre de Goa il y a douze lieües : cette barre eſt en hauteur de 15 degrez vingt min. on la connoiſt à un Moro ou Rocher haut élevé qu'elle a du coſté du Nord; il n'y en a point de plus haut depuis les Iſlets juſques à la barre de Goa, & ſur le haut de ce Moro ou Rocher, il y a un fanal fort eſlevé du coſté de la terre : & plus à l'Eſt, il y a une Egliſe de S. Laurens que fit baſtir le Comte de la Terre, ou de Linhares en l'an 1633, lors qu'il eſtoit Vice-Roy des Indes : du coſté du Sud de cette barre, il y a deux Iſlets qui ſe nomment les Iſlets de Goa la vieille, les grands Vaiſſeaux peuvent hiverner dans cette barre tout contre le Moro ou Rocher de Mormugao, qui les met à couvert des vents de Nordoueſt, de Sud & Sudoueſt : entre cette barre & celle de Goa, au milieu des deux, il y a une Montagne auprés de la terre, qui fait partie de l'Iſle de Goa, & ſur la pointe il y a une maiſon de Capucins, qui s'appelle Noſtre Dame du Cap, d'où on découvre fort loin en Mer.

14. Les Navires qui arrivent de ſi bonne heure, leſquels peuvent retourner en Portugal dans la meſme année, moüillent à une portée de mouſquet en Mer que le pied de la Montagne qui eſt contre la Fortereſſe & le Fanal qu'on appelle le Moro ou la terre de Bardes, où eſt à preſent l'Egliſe de Saint Laurens : les Vaiſſeaux moüillent vis-à-vis de la Fortereſſe : il n'y a que ſix petites braſſes d'eau, le fonds eſt de vaze molle, & on ne trouve point en toute cette barre d'endroit plus propre pour moüiller.

VOYAGE DE MOÇAMBIQVE A GOA
dans la saison de Mars, quand on en part dans la fin de ce mois.

1. QUAND on a hiverné à Moçambique, & qu'on veut partir dans la petite moisson pour aller à Goa si-tost que la Lune est pleine ou nouvelle, & qu'on a le vent d'Ouest : il faut sortir de la barre avec le vent de terre, quand la marée ne commence qu'à venir, & qu'elle n'est montée que d'un quart ou d'une cinquiéme, afin de reconnoistre le Canal & les pointes de la Cabeceira, & des Rochers qui s'avancent en Mer depuis la Forteresse Nostre-Dame du Boulceverd, & lors que vous serez hors de la barre, gouvernez au Nordest vers l'isle de Commoro, dont il sera bon d'avoir la veuë en passant.

2. Si à la veüe de cette Isle, & apres l'avoir passée, vous avez des vents de Nord, comme quelquesfois il s'en leve en cette saison : il faut courir de jour du costé d'Ouest, & de nuit du costé de l'Est, pour éviter les basses de S. Lazare, qui sont en la hauteur de 12 degrez, & à quelques 15 lieües de la coste, & encore que les Routiers disent qu'il y a par tout sept brasses d'eau, neantmoins certains Pilotes y estans passez en suitte, en allant des Indes à la coste de Moçambique, on a trouvé le fonds à trois brasses en sondant avec une longue perche : c'est pourquoy il s'en faut donner de garde, & ne se pas negliger pendant qu'on est entre l'isle de Commoro & celle de Querinba, qui n'est pas si longue qu'elle est marquée dans les cartes : & ainsi quand vous serez obligé de louvier, il sera bon de regarder pendant le jour quelle route vous devez tenir la nuit.

3. Ayant passé la hauteur de l'isle de Commoro, il faut prendre la route dont il est parlé au Routier, qui est pour

le mois

le mois d'Aouſt, & obſerver les meſmes avertiſſements qui y ſont, gouvernant depuis la hauteur de trois degrez de latitude Sud, à l'Eſt quart Nord, juſques à la hauteur de 15 degrez 30 minuttes, & de cette hauteur on continuëra vers la barre de Goa, gouvernant à l'Eſt quart Sud, ſuivant la façon ordinaire de naviger par cette hauteur, juſqu'à ce qu'on ſoit à la barre de Goa, où on moüillera l'anchre en attendant un Pilote de terre pour faire entrer le Vaiſſeau dans la barre, pour plus grande ſeureté du Pilote du Navire.

4. En cette ſaiſon, il eſt plus ſeur d'aller par moins de hauteur pour faire mieux le voyage vers la barre de Goa la vieille, parce que comme l'on entre dans le mois de May, les vents de Nord & de Nordoueſt ceſſent, & ceux de Sudeſt & de Sud viennent en leur place, avec leſquels, tant que vous eſtes en moins de hauteur que cette barre, vous y arrivez avec plus de facilité.

5. On trouve pour l'ordinaire dans cette meſme ſaiſon de Mars, des calmes, qui font perdre beaucoup de temps : ce qui eſt cauſe qu'on n'arrive quelquesfois à la coſte qu'à la fin du mois de May, auquel temps la barre de Goa ſe bouche, & on doit craindre déja fermée quand on arrive en ce temps-là ; & pour ce ſujet le Roy de Portugal a fait commandement qu'en telle rencontre, on aille hyverner à Bombain. Pour y aller, il faut prendre ſa route vers les iſlets Queimados, ou Brûlez, & ſi l'hiver eſt déja commencé, ce qui arrive avec un vent plus doux, il faut cingler vers le Nord, le long de la coſte, s'en tenant éloigné de trois ou quatre lieuës, juſqu'à ce qu'on ſoit vis-à-vis de la barre du Canal, qui eſt vis-à-vis des 19 degrez de latitude, & lors qu'on eſt à l'Oueſt avec la Ville, on apperçoit une grande barre : au Sud de laquelle on verra un grand Morro ou Tertre, ſeparé d'une terre haute qui continuë dans le pays vers Eſt.

6. Au Nord de cette barre de Chaul, on voit un Iſlet qui a une ſeparation par le milieu, ce qui le fait paroiſtre comme ſi il y en avoit deux, il ſe nomme l'iſlet de Bom-

bain : quand on le voit, il faut s'approcher de terre avec le vent de Sud, jufques à ce qu'on ait fept à huit braffes de fonds, & gouvernant par le mefme Rumb, on ira droit par le milieu du Canal & de la Baye d'entre Bombain & Carania, que fi le temps eftoit couvert, on ne verroit ny cét iflet ny Carania : mais gouvernant par ce Rumb & fur ce fonds, on ira fort bien.

7. Si on a la veuë de l'iflet de Bombain, & la cofte de Carania, il fe faut efloigner de cét Iflet, & le laiffer à Eftribord, c'eft-à-dire à droit, & aller par fept braffes d'eau, que fi vous en avez moins, il faut tourner un peu vers le Nord, & auffi-toft vous retrouverez ce fonds : il faut avoir grand foin de fonder lors qu'on eft dans cette Baye, & quand on voit l'Iflet & la terre, il eft facile d'entrer dans cette barre.

8. Il ne faut pas approcher de la pointe de l'ifle de Bombain, qui s'avance en Mer vers le Sud, à caufe qu'il y a une longue chaifne de Rocher dont il fe faut donner de garde en tirant du cofté de Carania, & fuivant toûjours le mefme fonds de fept braffes, & lors que vous ferez d'une Eftacade ou rangée de pieux, qui eft dans cette barre, où les pefcheurs vont ordinairement tendre leurs filets, vous aurez la pointe du Sud de l'Ifle de Bombain, & l'Eft Nordeft, & l'Eglife de Noftre-Dame de la Penna qui eft au haut de la Montagne de Carania, au Sud & quart à l'Eft, & l'iflet des Pateques qui eft tout rond, & eft vis-à-vis de Marfagao & de Bombain, au Nord quart de Nordeft.

9. Dans cette Baye, il faut anchrer fur fix braffes & demie, & fept braffes : le fonds eft de vaze fort molle, & comme délayée, & il faut attendre là des Pilotes du lieu, que les Gouverneurs de Bombain & de Marfagao ont foin d'envoyer promptement pour conduire le Vaiffeau à Turumba, où les Caraques ont accouftumé d'hiverner.

10. En paffant de ce lieu dont je viens de parler, où il faut moüiller pour attendre des Pilotes, & à celuy où il

faut hiverner, on trouve un Canal fort facheux dans lequel il y a plusieurs détours, & peu de fonds : de maniere qu'en hiver mesme, quand les vents poussent le plus d'eau dans la barre, il n'y en a tout au plus que six petites brasses, ou cinq & demie, & en quelques endroits, cinq seulement : il est vray que le fonds est de vaze fort molle, par laquelle le Vaisseau se fait voir, & on est contraint d'aller par là jusqu'à ce qu'on soit vis-à-vis de la Montagne de Lorumba, au haut de laquelle est une Eglise, & au pied est l'habitation, & lors que cette Eglise vous demeurera à l'Ouest, il faut moüiller l'anchre à cinq brasses & demie, & encore qu'il vous paroisse, il n'y a toutesfois rien à craindre, parce que le fonds est de vaze molle, & est de mesme bien avant sous l'eau : il ne faut point avoir peur du fonds, pourveu que vous soyez bien amaré contre la Marée, qui est en cét endroit fort impetueuse.

11. S'il estoit besoin de calfader le Vaisseau, ou de découvrir la quille, on y auroit beaucoup de peine dans ce Port, principalement si on est contraint de se servir des Charpentiers & des Calfadeurs du pays, parce qu'ils dépendent tous du Gouverneur de Bombain, & il faudra donner tout ce qu'il demandera, & mesme le fer & le bray y sont plus chers qu'à Goa : c'est pourquoy il vaut mieux faire calfader les Vaisseaux à Goa, où on a le bray & les journées des ouvriers à meilleur compte, encore qu'il y ait plus de bois à Bombain.

12. Il faut sortir de cé Port pour aller à Goa avec le vent de terre, & ceux de Nordouest, qui commencent à la fin d'Octobre & de Novembre : mais afin que le Navire forte à la voile, il faut des vents de terre, de Nordest & Est Nordest, c'est pourquoy il faut avoir des barques pour remorguer le Vaisseau jusques hors la barre, & ainsi on pourra bien-tost sortir.

13. Il faut que le Navire forte déchargé jusques à Bombain, où estant, on moüille à six ou sept brasses pour prendre sa charge, si elle y est, parce que de ce lieu & Port de

Torumba jufques à Bombain, on ne trouve point pendant le Prin-temps dans le Canal par lequel les Vaiſſeaux doivent ſortir, plus de cinq braſſes d'eau, & en deux endroits il n'y en a que quatre & trois & demy : il faut ſortir en morte Marée aux deux endroits où il y a ſi peu d'eau, & comme on ne peut aller à Bombain qu'en deux Marées, quand on ſortiroit au temps des plus hautes Marées & des eaux vives, on ne pourroit non plus franchir ces deux mauvais pas, & de neceſſité on ſe trouvera entre les deux en baſſe Marée, & l'eau y devenant fort baſſe pendant les eaux vives, le Vaiſſeau viendroit à toucher, & n'auroit plus d'eau pour le ſoûtenir : mais pour éviter tous ces inconveniens, il faut faire ſon poſſible pour arriver à la barre de Goa, en temps qu'on puiſſe hyverner à Goa la vieille.

VOYAGE DV CAP DE BONNE ESPERANCE
par le dehors de l'Iſle de S. Laurens pour Goa ou pour Cochin.

1. ARRIVANT au Cap de Bonne Eſperance au mois d'Aouſt, qui eſt un peu trop tard, il faut pourſuivre ſon voyage par le dehors de l'iſle de S. Laurens, & gouverner de ſorte, Banc, que depuis le Prazel ou banc des Aiguilles, qui en eſt à 180 lieuës vers l'Eſt, on ſoit par les 35 deg. de latitude : de ce Parage. il faut gouverner à l'Eſt quart de Sudeſt, afin que la route vaille l'Eſt Nordeſt : à cauſe que l'aiguille a ſa variation en ce Parage vers le Nordoueſt, il faut ſuivre cette route juſques à ce qu'on ſoit Nord & Sud avec la teſte de l'iſle de S. Laurens, ſçavoir avec l'extremité de ſa coſte Orientale, & vous ferez bonne route ſi vous eſtes à 32 degrez de latitude, & que vous ayez 19 degrez de variation Nordoueſt.

2. Eſtant Nord & Sud avec la coſte Orientale de l'iſle de S. Laurens, & a 32 degrez de hauteur, il faut gouverner

à l'Eſt Nordeſt, juſques à la hauteur de 27 degrez : dans cette hauteur & ce Parage, on a les vents d'Eſt & d'Eſtſudeſt, encore que par fois on les trouve Nordeſt & Nord Nordeſt, à cauſe dequoy il faut prendre garde de pres à bien faire ſa route conformément au vent, & il ſera bon de voguer à l'Eſt autant que le vent le permettra, afin qu'on le puiſſe avoir plus favorable quand il deviendra plus contraire à la route.

3. De la hauteur de 20 degrez en diminuant, on a des vents de Sudeſt & de Sud Sudeſt, & eſtant à 27 degrez de latitude, environ cent lieuës à l'Eſt de l'iſle de S. Laurens, il ſera bon de gouverner Nordeſt quart Eſt, ſi le vent le permet, qui vaudra le Nord Eſt quart Nord, afin de paſſer par l'iſle de Diego Rois, qui eſt en la hauteur de 20 degrez ou quelque peu moins, & ce ſera bien fait d'en avoir la veuë de cette Iſle, ou de ſa hauteur, il faut gouverner de façon que l'on puiſſe paſſer entre les bazes de Garayos & celles de Nazare, l'entrée de ce Canal eſt en la hauteur de 16 degrez 45 min. Sud.

4. Mais ſi eſtant en la veuë de Diego Rois ou en ſa hauteur, on trouvoit le vent favorable, & qu'il donnaſt lieu de paſſer à l'Eſt de l'iſle de Brandoa, ou par le Canal qui eſt entre cette Iſle & les baſſes des Garayos, il faudroit hazarder de paſſer par ce Canal, & ainſi on iroit par le dehors de toutes les baſſes : mais aſſez ſouvent le vent eſt eſchars, & peu favorable entre cette Iſle & ces baſſes, & quelquefois il devient Eſt, c'eſt pourquoy il ne faut point prendre cette route ſans beaucoup de circonſpection : & ſi on paſſe à l'Eſt environ 30 lieuës des baſſes des Garayos, il faut prendre ſa route au Nord Nordeſt, juſqu'à la ligne, ſe détournant de l'iſle de Roquo Pires, qui eſt en la hauteur de 10 degrez, & d'une autre qui eſt en latitude de ſix degrez Sud : c'eſt une petite Iſle platte & raze comme la Mer, couverte de quantité d'arbres, & à ſix lieuës au Sudoueſt de cette Iſle, on voit trois Iſlettes plus petites. avec quelques arbres deſſus qui ſont razes comme la Mer, elles giſent entr'elles Eſt & Oueſt,

F iiij

5. Si estant à la veuë de Diego Rois, ou en sa hauteur, vous trouviez plus à propos à cause du vent, de faire vôtre route entre les basses des Garayos & celles de Nazare, quand vous serez arrivez à l'entrée du Canal d'entre ces basses qui est en 16 degrez 45 minuttes de latitude, il faudra gouverner au Nordest, de façon que la route vaille le Nord Nordest, pour passer par le milieu du Canal, tant que vous soyez en la hauteur de 13 degrez, d'où il faudra gouverner au Nordest quart de Nord, pour faire que la route vaille le Nord quart au Nordest, jusques à la hauteur de neuf degrez, & de cette hauteur, on gouvernera au Nordest quart à l'Est, de façon que la route vaille le Nordest quart au Nord, qu'il faut continuer jusques à la Ligne.

6. L'aimant change fort lentement sa variation en ce Parage, & dans cette route de l'isle de Diego Rois jusques à la Ligne. Voicy ce qui en a esté observé.

A la veuë de cette Isle du costé d'Ouest, la variation est de 22 degrez Nordouest, & du costé d'Est, elle est de 22 degrez & demy : & passant entre les basses des Garayos & l'isle de Brandoa, on la trouve en cette route jusques à la Ligne, de 22 degrez & demy, puis de 21 & de 22 : que si on prend sa route entre les basses de Garayos & celle de Nazare, on aura 21 degrez, un peu moins de variation Nordouest au milieu du Canal qui est entre deux, & passant de ce lieu à la hauteur de neuf degrez, elle sera un peu plus de 21 degrez, & poursuivant sa route vers la Ligne, la variation va en diminuant jusques à 20, 19 & demy, & 19 degrez.

7. Quand on est arrivé à la hauteur de 27 degrez de latitude Sud, suivant ces routes dont on vient de parler, si on a le vent d'Est, il faut courir au Nord quart de Nordest pour aller vers l'Isle de Cirné, & il sera bon d'en avoir la veuë, il y a 20 degr. & demy de variation : de ce lieu ou de sa hauteur vous devez faire vostre route en sorte que vous alliez passer entre les basses de Nazare & celles de Garayos, si le vent le permet, ou bien entre les 2 Prazels ou bancs de Nazare, faisant la route qui vaille le Nord Nordest depuis

la veuë de l’iſle de Cirné juſques à la hauteur de 10 degrez & demy , & de cette hauteur vous ferez la route qui vaille le Nordeſt, juſques à la Ligne.

8. Dans toute cette route & Parage, depuis la teſte de l’iſle de S. Laurens, il faut veiller de pres à la conduite du Vaiſſeau, tant de jour que de nuit, juſqu’à ce qu’on ſoit parvenu à la Ligne Equinoxiale, parce que dans les cartes les baſſes & les Iſles ne ſont pas marquées dans leur veritable hauteur, & meſme il y a beaucoup plus d’Iſles & de baſſes que celles qui ſont marquées dans la carte : c’eſt pourquoy il s’en faut donner de garde, faire bon quart, & de jour faire toûjours monter un homme ſur le Matereau pour découvrir s’il n’y a point quelque baſſe ou Iſle, & avoir continuellement l’œil ſur la couleur de l’eau, pour voir ſi elle change, & de nuit avoir toûjours la ſonde en main pour ſçavoir s’il y a fonds, faire mettre un homme ſur le Beaupré, ne voguer qu’avec la grande voile, ſi ce n’eſt juſqu’au lieu & diſtance qu’on aura pû découvrir en Mer au coucher du Soleil, & ne prendre aſſurance qu’en Dieu, & la bonne garde qu’on fera.

9. On trouve beaucoup d’oiſeaux dans cette route & ce Parage : ſçavoir quantité de Garayos, des Carazines, d’Alcatras gris & des blancs avec la pointe des aîles noires , & des rabos forcados, ou queuës fourcheuës : on trouve ces oiſeaux en grande quantité pres des Iſles & des baſſes : mais on ne s’arreſte pas à ces ſignes, parce que ces oiſeaux ayant bonnes aîles, vont peſchant où ils trouvent le plus de poiſſon, & c’eſt là où ils ſe rencontrent ordinairement : on ne les tient pas pour des marques aſſeurées du lieu où on eſt, & il y en a tantoſt plus, tantoſt moins.

10. Bien ſouvent par les 10 degrez Sud ou environ, qui eſt la hauteur de l’Iſle de Roque Pires, on aura les vents d’Oueſt & d’Oueſt Nordoueſt ; avec des pluyes juſques par les ſix degrez : en ce cas vous devez faire en ſorte que vous arriviez le pluſtoſt que vous pourrez aux iſles des Maldives ſi vous eſtes ſur l’arriere ſaiſon , & que vous n’ayez paſſé la Ligne que dans le 15 de Septembre, vous gouvernerez

Nordeſt, juſques a la hauteur de 16 degrez Nord , & de là vous ſuivrez voſtre route vers la barre de Goa, ayant égard aux meſmes obſervations & remarques qui ſont dans le Routier de Moçambique à Goa, dans la ſaiſon d'Aouſt au dixiéme article.

11. Si vous arrivez à la Ligne Equinoxiale au commencement d'Octobre, vous prendrez la route de Cochin, & vous mettrez au deſſus du vent des iſles de Mamalé, pour mieux entrer dans le Canal qui eſt en la hauteur de 9 degr. 45 min. Nord. Or eſtant à quelques 60 lieuës de l'Oueſt de ces Iſles, on trouve beaucoup de beſtioles & des papillons qui en viennent, eſtant emportez en Mer par les vents; ce qui eſt cauſe qu'on les trouve ſi loin : il ne faut point paſſer plus haut vers le Nord que cette hauteur, parce que ces Iſles ont des baſſes & des chaiſnes de Rochers, & allant par le Canal qui eſt en cette hauteur, il n'y a rien à craindre.

12. En ce Parage, les eaux ſortent de ces Iſles par leurs Canaux, & ſuivent les vents d'Eſt & d'Eſt Nordeſt, courans à l'Oueſt & à l'Oueſt Nordoueſt: mais proche des meſmes Iſles, & de celles des Maldives, les courants vont par leurs Canaux avec les vents d'Oueſt & de Sudoueſt, quand on paſſe la Ligne, l'aiguille varie de 18 degrez Nordoueſt, & à cauſe de cela, il faut tenir compte de deux quarts & demy lors qu'on court ſur la carte, & faire la route ſuivant les courants que vous trouverez, & le vent qu'il fera, ayant auſſi égard à la Lune, parce que lors qu'elle eſt pleine & nouvelle, les eaux courent avec plus d'impetuoſité : mais ſi le vent devient fort, il ne faudra donner que deux quarts de dechet à voſtre route, & s'il n'eſt pas fort, faut luy en donner d'avantage, parce qu'alors les courants font plus d'impreſſion ſur le Navire.

13. Si en allant vers le Canal qui eſt en la hauteur de neuf degrez 45 minuttes, on avoit le vent contraire, on feroit obligé de paſſer à la veuë des Maldives: Or il faut ſçavoir qu'auprès de ces Iſles les eaux courent avec grande viteſſe vers leurs canaux & emboucheures, & entraî-

nent

nent les Vaiſſeaux vers leurs anſes ou plages: c'eſt pourquoy s'il arrivoit que vous vinſiez à la veuë de ces Iſles, mettez dehors voſtre batteau pour aller querir un pilote aux Iſles pour conduire voſtre Vaiſſeau par les canaux : car tout contre ces Iſles il y a beaucoup de fonds, on peut louvier deça & delà en attendant un pilote.

14. Par les ſix degrez de latitude Nord, il y a un grand Canal entre ces Iſles, par lequel les Caraques de Portugal peuvent paſſer, & il y en a encores d'autres plus au Sud: mais du coſté du Nord les Iſles ſont plus reſſerrées, & il y a quelques Rochers qui avancent en Mer, & quand on paſſe par quelques-uns des canaux d'entre ces Iſles, il faut aller à Cochin en allant au Lof, & ſur le vent le plus que faire ſe pourra juſques à la hauteur de 10 degrez ou peu moins, & de là gouverner à l'Eſt, pour aller à la barre de cette ville.

15. Si vous avez paſſé par le canal qui eſt en latitude de neuf degrez 45 minuttes, il faut prendre voſtre route par la hauteur de neuf degrez 50 minuttes, & continuez tant que vous découvrirez la terre de Cochin; vous la connoîtrez à une Montagne qui entre dans le pays, & qui reſſemble à une grande table, elle court Eſt Oueſt; droit par les travers de la coſte, & au pied de cette Montagne eſt Cranganor; au deſſus de la barre de Cochin, on voit dans le pays une Montagne qu'on nomme aureille de liévre, à cauſe qu'elle en a la figure : ſi-toſt que vous appercevrez la barre de Cochin, on en approche d'une lieuë & demie, & c'eſt ou les Caraques moüillent ſur ſept ou ſix braſſes, vis-à-vis de la riviere qui entre dans cette barre : & ſi vous voulez aller à Goa, il faut ſuivre la coſte avec les vents de terre, ſans la perdre de veuë.

VOYAGE VERS LA COSTE D'AFRIQVE,

lors qu'on se trouue à l'Est des Garayos & de Saya de Malha, quand la saison est passée, & que les viures manquent, de façon qu'il y ait apparence qu'on ne puisse arriver à la coste des Indes, & qu'on soit contraint d'aller hiuerner à Mombasa ou à Moçambique, qui est le plus court chemin qu'on puisse prendre.

1. QUAND on fait le voyage par le dehors de l'isle de S. Laurens, & qu'on a les vents si contraires, qu'on ne peut faire sa route bien à propos, & que la saison passe ; de maniere qu'il y ait lieu de douter qu'on puisse gagner Cochin, & qu'ainsi on soit obligé d'hiverner à Mombaza ou à Moçambique, on se pourra servir de la route qui suit.

2. Si vous vous trouvez sur l'arriere saison, comme vers le 15 de Novembre par les 14 ou 15 degrez de latitude Sud, & à l'Est des basses des Garayos, & que vous ayez peur de rencontrer des calmes, & que ce retardement causast des maladies parmy vos gens, ou que vous ayez necessité de vivres, vous pourrez faire le voyage de Montbaza ou de Moçambique par entre les basses des Garayos & de Saya de Malha, qui est le plus court chemin, & qui demande moins de temps : il faut gouverner depuis cette hauteur à l'Ouest Nordouest, tournant quelquesfois un peu plus vers le Nord, afin que la route vaille l'Ouest, jusq'à ce que vous soyez à quelques 30 lieuës au Sudouest de la basse de Saya de Malha, qui est en la hauteur de onze degrez 30 minuttes Sud, & a quelques 20 lieuës au Nordest, & vis-à-vis du Prazel ou banc de Nazare, qui est le plus pres des basses des Garayos, par ce canal les eaux courent au Nord Nordouest, & il y a 21 degrez de variation Nordouest.

3. Estant au Nordouest, qui est la hauteur de ce Pa-

rage : il faut gouverner au Nord Nordoüeft & au Nord quart de Nordoüeft, pour faire que la route vaille Nordoüeft jufques à la veüe de l'ifle de Galega, qui eft en latitude de *9* degrez *30* minuttes Sud , il eft bon de la voir, afin d'eftre plus affeuré de fa route, on y a paffé y eftant venu de la hauteur de 14 degrez ; c'eft une petite Ifle raze comme la Mer ; A la veüe de cette Ifle , l'aimant varie de 20 degrez 30 minuttes Nordoüeft : il y a en cette ifle quantité d'Alcatras blancs, qui ont la pointe des aîles noires, des Garazines de Garayos noirs, qui ont le ventre blanc, & des Rabos Forcados.

4. De la veüe de cette Ifle ou de fa hauteur , il faut gouverner au Nordoüeft quart Nord, de maniere que la route vaille l'Oüeft Nordoüeft, jufques à la hauteur de 7 deg. 30 minuttes Sud : allant en cette hauteur par le milieu du canal, on découvrira une petite ifle , raze & à fleur d'eau, le long de laquelle il y a des fonds & Rochers , qui font que la Mer y brize ; mais fi on en paffe à une lieüe ou environ, il n'y a rien à craindre, parce que tout y eft fort net, & il n'y a ny baffe ny rien qui puiffe apporter dommage, & il ne faut pas pourtant laiffer de veiller foigneufement à la conduite du Vaiffeau, confiderant la couleur de l'eau, & faifant monter un homme fur le Matereau, & de nuit fur le Beaupré, faifant petite voile de jour, & toûjours la fonde à la main, & de nuit, mettant le Vaiffeau de cofté à travers, en forte qu'il n'y avance point plus pendant la nuit que ce qu'on aure pû découvrir en Mer de deffus le maft au coucher du Soleil : Obfervant ces chofes, vous fortirez de ce canal avec plus d'affeurance.

5. Il feroit bon de voir cette ifle qui eft en 7 degrez *30*. minuttes de latitude Sud , pour s'affurer d'avantage que l'on paffe par le milieu de ce canal, & qu'on ne coure point rifque de rencontrer la baffe de Patrao , ny le Prazel ou banc de Jean Martin : or , à la veüe de cette iflette, l'aimant Nordoüefte de 19 degrez.

6. Eftant en la hauteur de de fept degrez & demy,

ou à la veüe de cette iſlette qui eſt en pareille hauteur, ſi vous avez deſſein d'aller à Moçambique, il faut gouverner à Oueſt Nordoueſt, afin que la route vaille l'Oueſt, juſques à ce que vous ſoyez Nord & Sud avec l'iſle de Natal, qui eſt en latitude Sud de 8 degrez 30 minuttes, eſtant au Nord de cette iſle environ 28 lieües, il faut gouverner à l'Oueſt quart Sud, afin que la route vaille le Sudoueſt quart Oueſt, juſques par les 10 degrez Sud, d'où il faut gouverner au Sudoueſt, de façon que la route vaille le Sud Sudoueſt, juſques à eſtre en la hauteur des Picos Faragoſos, de cette hauteur on prend la route de Moçambique, ſi les vents & les courants le permettent, faiſant ſon poſſible pour arriver à la coſte, vers laquelle les eaux courent en ce Parage dés qu'on l'appercevra, il faudra coſtoyer juſques à ce qu'on ait la veüe de la Fortereſſe ou de la barre de Moçambique, où on entrera, ſuivant les avis qui en ont eſté donnez au voyage du Cap de Bonne Eſperance à cette barre, qui ſont au 23 article.

7. Et parce que l'Ordonnance dn Roy de Portugal, porte qu'on ira hiverner à Montbaza ſi on y trouve plus ſa commodité, parce que le chemin en eſt aiſé en l'arriere ſaiſon, joint que c'eſt un lieu plus ſeur, & que les vivres & proviſions y ſont en plus grande abondance, & à meilleur compte qu'à Moçambique: quand on ſera en la hauteur de ſept degrez & demy, ou à la veüe de l'iſle dont j'ay parlé, qui eſt en meſme hauteur, il faudra faire la route pour Montbaza à l'Oueſt Nordoueſt, en ſorte qu'elle vaille l'Oueſt, & avancer par cette route environ quatre lieües pour éviter la baſſe de Patrao : de ce Parage il faut gouverner au Nordoueſt, afin que la route vaille l'Oueſt Nordoueſt juſques à la hauteur de 4 degrez Sud, ou peu moins, qui eſt celle de la barre de Montbaza, & prendre garde qu'à vingt ou trente lieües de la coſte il y a des courants qui portent au Nord Nordeſt: c'eſt pourquoy il ſera bon de ſe mettre par les quatre degrez quinze minuttes, pour aller à cette barre

dans le temps que les vents viennent d'Oueſt.

8. En latitude de 4 degrez, cette coſte eſt terre baſſe & verte, avec des ſables le long du rivage de la Mer, & en latitude de trois degrez 45 minuttes ſont les Amaxambas de Mutuapa, qui ſont trois lieuës au Nordeſt de Montbaza, Mutuapa eſt une pointe déliée, au ſommet de laquelle on voit dans le pays une haute lombade qui eſt auprès de trois Montagnes ou Tertres : cette Lombade n'a pas beaucoup d'étenduë, & on ne voit en aucun autre endroit de ce parage trois tertres ou montagnes ſeparées les unes des autres comme ſont ces trois là, ils giſent entr'elles Nordoueſt & Sudeſt, l'aiguille Nordoueſte de 11 degrez 20 min. à la veuë de tere.

9. La barre de Montbaza eſt juſtement en latitude Sud de trois degrez 50 minuttes : c'eſt une terre raze le long de la Mer, qui a quantité de ſables du coſté du Sud, & du coſté du Nord on voit une Lombarde dans le pays, qui fait une ouverture ſur cette Iſle, & demeure du coſté du Nord, où elle eſt plus petite que celle qui va du coſté du Sud.

10. Ceux qui voudront entrer dans cette barre avec de grands Vaiſſeaux comme ſont les Caraques de Portugal, s'en doivent approcher environ une lieuë en Mer, ſoit qu'ils viennent du coſté du Nord, ou du coſté du Sud, il faut venir à terre la ſonde à la main juſques devant la Fortereſſe, & quand on trouvera 12 braſſes d'eau, il faudra attendre un pilote de terre : & s'il n'en vient point, il faudra gouverner au Nordoueſt en filant à la pointe où eſt la Fortereſſe, & puis on ſuivra par le milieu du canal ſur 10, 9 & 8 braſſes fonds de ſable, juſques à eſtre vis-à-vis d'un Hermitage qui eſt ſur la pointe, dont il a eſté parlé à l'entrée de la barre qui continuë juſques à la Fortereſſe & à la Ville ; quand on eſt à la portée d'un Fauconneau, ou environ, de cét Hermitage vers la Mer, il faut mettre le Cap à l'Oueſt Sudoueſt pour aller à la barre de Tuapa, qui eſt le lieu où les Navires vont hiverner.

11. Quand vous ſerez vis-à-vis de l'Hermitage & d'une

roche qui eſt tout aupres, vous verrez un amas ou quantité de ſable en terre ferme qui doit eſtre à l'Oueſt Sudoueſt de vous, il faudra tourner le Cap droit deſſus,
ayant fonds de quinze, ſeize, & dix, juſques à ce que
la barre de Tuapa paroiſſe toute à découvert, & alors
vous ſerez vis-à-vis d'une maiſon qui eſt dans l'iſle qui
vous doit demeurer à l'Eſt, il faut moüiller devant elle
ſur 18 braſſes d'eau, juſques à 15, & ne craignez rien du
coſté de terre ferme, car il y a bon fonds juſques aupres de
la roche, on y a moüillé ſur ſept braſſes d'eau.

12. Pour entrer dans cette barre, il eſt bon que ce ſoit
à un tiers de flot, & quand la marée eſt pleine ou qu'elle
baiſſe, il faut moüiller l'anchre vis-à-vis de la Fortereſſe
ſur 20 braſſes d'eau, & attendre en ce lieu cette hauteur
d'eau, ou tiers de flot pour entrer dans la barre, parce qu'elle eſt fort eſtroite, & que dans le canal il y a deux pointes
bien dangereuſes, qui ont des écueils de part & d'autre, &
ſi on entre avec peu d'eau, on apperçoit la pointe des rochers, & on entre avec plus de ſeureté.

13. Les marées ſortent par les reflux avec grande force
& impetuoſité, & les eaux vont de devant l'Hermitage
quand la mer baiſſe vers ce ſable dont j'ay parlé, qui eſt en
terre ferme, il doit demeurer vers l'Oueſt Sudoueſt, quand
on va de devant l'Hermitage par le milieu du canal à ce
ſable, pour entrer dans la barre, & de là, on va droit à la
maiſon de Nobleſſe de Tuapa, où il faut moüiller au milieu du canal & de la riviere.

14. Quand la marée ſe retire, les eaux courent dans ce
Parage de devant cette maiſon vers ce ſable, avec auſſi
grande vîteſſe qu'une pierre qu'on jette de la main: & de
ce ſable, elles vont par le milieu du canal vers l'Eſt Nordeſt:
pour bien ſortir de cette barre, il faut paſſer pardevant ce
ſable, ſe ſervant du vent de terre qui vient tous les ma-
tins, & prendre le temps qu'il y ait encore un quart d'ebbe;
& qu'il ſoit morte eau: c'eſt alors qu'il faut mettre à la
voile en gouvernant Eſt Nordeſt, & Eſt quart au Nordeſt,
ayant fonds de 20, 19, & 18 braſſes: & quand vous ſerez

à une portée de canon de la pointe de l'ifle ou eft l'hermitage, il faudra gouverner au Sud & au Sud Sudeft, fortant
en mer le plus que faire fe pourra, à caufe que les marées
courent avec grande impetuofité vers le Nord, & pouffent
les Vaiffeaux vers la cofte: c'eft pourquoy il eft à propos
de fortir en mer environ 30 lieuës avant que de prendre fa
route pour continuer le voyage vers Goa, ce qui fe fait
comme il eft enfeigné au Routier fuivant qu'il eft pour la
faifon au monfon d'Avril.

15. L'entrée de cette barre ou canal eft fi eftroite, & a
tant d'écueils, qu'en beaucoup d'endroits il n'y a pas plus
de largeur pour paffer, que la longueur d'un Vaiffeau: je
vous en avertis afin que vous y preniez garde.

VOYAGE DE MONTBAZA A GOA, dans la faifon de Mars & d'Avril.

1. QUAND on eft à trente lieuës en mer de la
barre de Montbaza, il faut gouverner à l'Eft
quart de Nordeft pour aller à Goa, de façon
qu'on fe tienne éloigné de la cofte de qua-
rante lieuës ou plus, jufques à ce qu'on ait paffé l'ifle de
Sacotora, & quand on l'aura paffée, il faudra faire la route
qui a efté enfeignée au voyage de Moçambique à Goa en la
faifon de Mars, & fe fervir des avertiffements qui y font
donnez, & aller moüiller devant la barre de Goa la vieille,
ou à la barre de Bombain.

2. Je tiens qu'il feroit plus à propos d'aller hiverner à
l'ifle de Sacotora, qu'à Moçambique ou à Montbaza,
parce que le climat eft meilleur, plus fain, & moins fujet
aux maladies, & qu'il y a une barre dont il ne faut point
craindre l'entrée: & quelque Navire que ce foit qui ar-
rivera à cette ifle avec fa provifion de bifcuit, ne manquera point de toute autre chofe, & à meilleur compte qu'aux
Fortereffes cy-deffus, parce qu'en cette ifle il y a beaucoup

poiſſon qu'on peut prendre ſans ſortir du Navire, & qui peut ſuffire pour nourrir l'équipage : & dans l'iſle il y a quantité de beſtail à vil prix, & beaucoup de laictage ; de plus, cette iſle Sacotora n'a point de grands courants comme on en trouve entre elles & Moçambique, joint qu'on peut aller de cette iſle à la barre de Goa en peu de temps, à cauſe que les vents d'Oueſt commencent en ce Parage au mois de Mars, & ainſi on ſe peut rendre à Goa dans le mois d'Avril, auquel temps l'Eſté dure encore : Ces conſiderations me font juger qu'il vaut mieux hiverner dans cette Iſle.

VOYAGE QVI SE PEVT FAIRE EN arriuant dans l'arriere ſaiſon au Cap de Bonne Eſperance, & prenant ſa route entre la terre ferme & l'Iſle de Saint Laurens.

1. SI on ne paſſe le Cap de Bonne Eſperance que dans le mois d'Aouſt, & juſques au 20, il faut faire ſa route comme il eſt enſeigné au voyage du Cap de Goa, quand on paſſe entre la terre ferme & l'iſle de S. Laurens, & obſerver tous les avis qui ſont donnez dans le Routier, juſqu'à la veuë de l'iſle de Commoro.

2. Quand on eſt à la veuë de l'iſle de Commoro, & quon en eſt à quinze lieuës, ou environ, au Nord : ſi c'eſt à la fin de Septembre, qui eſt bien tard, il faut gouverner au Nordeſt de telle façon que voſtre route vaille le Nordeſt quard Nord, juſques par les quatre degrez de latitude Sud.

3. De cette hauteur il faut gouverner à l'Eſt, en ſorte que la route vaille le Nordeſt, juſques à la hauteur de 4 degrez Nord, & en faiſant cette route, vous ne manquerez pas d'avoir les vents qu'on trouve lors qu'on vient par le dehors de l'iſle de Saint Laurens : ſçavoir Sud & Sudeſt,

Sudeſt, & vous verrez qu'ils durent plus long-temps par cette route, que lors qu'on approche plus pres du détroit de l'iſle de Sacotora.

4. En ce Parage vous trouverez que les courants tirent vers l'Eſt Nordeſt, & ſelon que vous reconnoiſtrez les courants, le ſillage du Navire, & ſelon le vent que vous aurez, vous donnerez le dechet à voſtre route, en pointant voſtre Carte : ayant auſſi égard à la variation de l'aimant : & ſi par les 4 degrez Nord l'aiguille Nordoueſte de 18 degrez, c'eſt une marque que vous eſtes aſſez éloigné de la coſte deſerte vers le Sud.

5. Je vous avertis que lors que vous entrerez dans la hauteur des baſſes de Patrao, vous ſoyez bien ſur vos gardes : car elles ſont bien dangereuſes : c'eſt pourquoy il faut aller avec plus de voiles, & gouverner au Nordoueſt pendant la nuit, faiſant bon quart juſqu'au jour, & alors vous corrigerez voſtre route, afin de vous remettre dans celle que j'ay dit. Eſtant en cette hauteur de 4 degrez Nord, il faut faire l'Eſt Nordeſt ſur la Bouſſole, afin que la vraye route ſoit Nordeſt juſques au Canal des iſles Mamaleques ou à leur hauteur, qui eſt de neuf degrez 45 minuttes, il faut paſſer par ce Canal pour aller à Cochin, obſervant les avis qui ont eſté donnez aux articles 11, 12, 13, 14 & 15, du Routier qui conduit à Cochin par le dehors de l'iſle de S. Laurens.

6. Si vous allez par cette route, & que vous rencontriez les baſſes de Patrao, & le Prazel ou banc de Jean Martin, l'aimant Nordoueſte ſera de 16 à 17 degrez, & en ce Parage vous trouverez beaucoup d'oiſeaux, comme des Garayos, des Garazines, des Alcatras blancs avec la pointe des aîles noires, & des Rabos Forcados.

7. Je trouve qu'il y a moins de danger en ce voyage, que lors qu'on paſſe par le dehors de l'iſle de Saint Laurens, parce que le vent venant à manquer à la ſaiſon ſe paſſant, on ſera plus pres des Ports, où on ſe pourra retirer & paſſer l'hiver, & ainſi on ne perdra point le temps à retourner ſur ſa route, & on épargnera les vivres, parce

que les chemins ne font pas fi longs que fi on paffoit par le dehors de l'Ifle.

8. Faifant le voyage par le dehors de l'ifle de S. Laurens, on trouve quelquesfois en la hauteur de 30 degrez les vents Eft & Eft Sudeft, & Nord Nordeft, qui durent fi long-temps qu'on pert le monfon propre pour aller à Cochin, & avant que d'arriver dans un Parage où on puiffe trouver des Ports pour hiverner, on court de grandes rifques, l'équipage devient malade, & il en meurt la plus grande partie du mal de Loanda ou Scorbut, & par cette raifon, on n'approuve pas la route cy-devant décrite.

VOYAGE DE GOA AV CAP DE BONNE
Efperance par Moçambique, paffant entre la terre ferme & l'Ifle de S. Laurens.

1. **P**OUR bien faire le voyage de Goa au Cap de Bonne Efperance en paffant entre l'ifle de S. Laurens & Moçambique, il faudra fortir de la barre de Goa dans le mois de Decembre, & prendre fa route vers Oueft avec les vents de terre jufques à 30 lieuës ou environ de la cofte, & en gouvernant il faut avoir égard à la variation, & fe tenir fur le vent le plus que faire fe pourra : de maniere que lors que vous ferez à cette diftance de la cofte, vous foyez en la hauteur des iflets brûlez, d'où il faut gouverner à l'Oueft Nordoueft.

2. Quand vous ferez éloigné de la cofte, & que vous entrerez dans le vent general de Nordeft, il faut gouverner à l'Oueft, prenant quelquesfois un peu plus au Nord, de maniere que voftre route vaille l'Oueft Sudoueft, jufques par les neuf degrez de latitude Nord, parce que les eaux courent en ce Parage au Sudoueft, & l'aimant y varie de dix-huit degrez, & cette variation jointe aux

courants, fait abbatre le Navire de plus de deux quarts, & estant en cette hauteur de neuf degrez Nord, il sera bon d'estre à soixante lieuës ou environ du Cap de Guarda Fuy.

3. De cette hauteur de neuf degrez, il faut gouverner de jour à l'Ouest Nordouest, & faire son possible de voir la terre avant que de passer la hauteur de 5 degrez Nord, & ce n'est que pour en avoir la connoissance : car si-tost que vous l'aurez découverte, il vous en faut éloigner jusques à ce que vous la perdiez de veuë, & faire vostre route au Sudouest jusques à la Ligne : mais pendant la nuit, il vous faut toûjours donner de garde d'approcher de la coste, faire bon quart, & gouverner comme elle git, jusqu'à la Ligne.

4. Estant à la Ligne Equinoxiale, vous gouvernerez de jour au Sudouest, & de nuit vous prendrez un quart de Sud, en sorte que vous soyez éloigné de terre de deux cent lieuës ou environ, & ferez toûjours bon quart jusques à la hauteur de huit degrez du costé du Sud, vous donnant garde des Isles de Pemba Zamzibas, & Monsia, & si vous ne découvrez aucune de ces Isles, il faut gouverner au Sudouest, sans prendre plus au Sud, & faire vostre possible pour avoir connoissance de la terre par les 10 degrez de latitude Sud ; Sçavoir, pres du Cap d'Algado : mais si vous avez la veuë de quelqu'une de ces Isles, il faut gouverner de façon que vous puissiez voir la terre en la hauteur de 10 degrez de latitude Sud.

5. Les lignes & marques qu'on rencontre dans cette route de la Dezerte jusqu'au Cap d'Algado, sont des Alcatras qui ressemblent aux Mangas de Velude & des Rabos Forcados, ou Queuës Fourcheuës, & approchant de la coste, on trouve des Garazines & des Garayos qu'on entend gazoüiller de nuit, on y voit aussi des branches de Sargasse, des Tortuës, des petits rameaux qui ont des Goufles ou Bourcettes, des Candeïnas de Mangues, & des branches d'une herbe qui a trois petites Goufles,

qu'on nomme pieds de poule : On trouvera toutes ces marques quand on sera au pied de la coste : mais les autres signes se voyent lors qu'on est plus avant en Mer.

6. Dans la saison des vents d'Est, faisant sa route à 30 lieuës en Mer ou environ, loin de la coste de la Deserte, les eaux courent Sudouest & Sud Sudouest: c'est pourquoy il est bon de ne s'éloigner pas plus de 20 lieuës de la coste en Mer, parce que les eaux n'y courent pas tant, n'y avec tant de vîtesse : & si on est plus de 30 lieuës en Mer, elles courent avec beaucoup d'impetuosité vers le Sudouest & Sud Sudouest, & portent les Navires sur l'isle d'Aro, ou sur celle de Commoro : mais si on navige à 20 lieuës de la coste, il n'y a rien à craindre, parce que la Mer est nette par tout en cette route, & il n'y a qu'en la hauteur de l'isle de Montbaza jusques à celle de l'isle de Pemba qu'il se faut donner de garde d'approcher trop de terre, de peur de passer entre ces Isles de la terre ferme, à cause que ce passage est plein de basses & de rochers, mais passant plus en Mer que les isles de Pemba, il n'y a rien à craindre, & si on fait voile du costé d'Est de cette Isle & à sa veuë, ce sera un bon signe qu'on va vers le Cap d'Algado en toute seureté.

7. Quand on court de la Ligne au Cap d'Algado, sans s'éloigner de la coste que de 20 lieües, on s'apperçoit que la variation de l'aimant va en diminuant : car vis-à-vis de Oibo, a 10 lieües ou environ en Mer, il varie de 13 degrez Nordouest : à 15 lieües ou environ à l'Est de l'isle de Pemba, il varie de 11 degrez 45 minuttes : à la veüe de l'isle de Zamzibar, on ne trouve que onze degrez, peu plus : & dix lieües à l'Est de l'isle de Montfia, qui est par les huit degrez de latitude Sud, il Nordoueste de dix degrez quarante minuttes, & cette variation continüe jusques au Cap d'Algado : si en cette hauteur & Parage vous trouvez que l'aimant varie de douze à treize degrez, c'est signe que vous estes pres de l'isle d'Aro, & que vous passerez à la veüe des isles de Commoro, si vous ne corrigez vostre route.

8. Arrivant à la coste en la hauteur de 10 degrez qu'elle

gist Sudest & Nordouest, & vous verrez par endroits des lieux où il y a du sable au bord de la Mer, & les terres basses le long de la Mer: mais dans le pays, elles sont plus hautes: en des endroits il y a des colines rondes: en la hauteur de neuf degrez 30 minuttes, vous découvrirez une grande ouverture qui ressemble à l'emboucheure d'une riviere, & deux Montagnes du costé du Nordouest, qui semblent estre deux islets quand on est devant le Cap d'Algado qui est par les dix degrez & demy de latitude Sud, on voit une pointe de terre basse, & quand on est vis-à-vis de cettte pointe, on découvre cinq Isles qui sont de suitte, & tirent droit vers Querimba.

9. Devant le Cap d'Algado, les eaux courent au Sudouest au commencement des vents d'Est, & à la fin de cette saison, elles vont au contraire, & courent vers le Nordest, & c'est avec plus de force en pleine ou nouvelle Lune.

10. Il arrive que passant à la fin d'Aoust à la veuë de l'isle de Querimba avec un vent fort doux de Sudouest, les courants ramenent vers Moçambique, ou bien dans un autre temps on trouve ces courants qui portent au Sudouest, & un vent de Nordest ayant contraint de louvier douze jours durant la veuë des isles de Querimba, & on se trouve à la fin à Moçambique: c'est à quoy il faut veiller de pres, & prendre bien garde quel vent on a, & en quelle saison on est, & quand on aura bien consideré le tout, il sera facile de donner le vray dechet au Vaisseau, suivant le courant des eaux, & de connoistre de quel costé elles vont.

11. Si les courants ont le vent contraire, ou le mauvais gouvernement vous ont empesché de voir terre en la hauteur de 10 degrez ou 10 & demy, donnez vous de garde de la basse de S. Lazare qui est en la hauteur de douze degrez, & vous esloignez de la coste vers l'Est de douze ou 15 lieuës, & encore que quelques Routiers rapportent que cette basse a par tout sept brasses d'eau, on peut s'assurer que venant de Montbaza en costoyant la terre, &

allant à Moçambique on paſſe ſur cette baſſe, & on trouve le fonds avec une perche longue de trois braſſes, c'eſt pourquoy il ſera bon de l'éviter : car en l'année 1504, le Navire de Pedro d'Ataide s'y perdit en venant de Cochin pour retourner en Portugal,

12. Ayant paſſé la hauteur de cette baſſe qui eſt par les douze degrez, vous pouvez vous approcher de la coſte : mais remarquez que ſi vous paſſez 35 lieües à l'Eſt du Cap d'Alguado, il faut vous donner de garde de l'iſle de Jean Martin, qui eſt preſque en meſme hauteur que ce Cap, & éloignée de luy vers Eſt environ 35 lieües, & toutesfois on on la voit diſtinctement, parce qu'eſtant à la veuë de l'iſle de Commoro, les courants portent à la veuë de cette Iſle, laquelle eſt en latitude de 10 degrez 20 minuttes, & apres on découvre les iſles de Oibo & de Querimba, ainſi on court le long de ces Iſles juſques au Cap d'Alguado ſans les perdre de veuë : c'eſt pourquoy je maintiens que cette iſle de Jean Martin eſt veritablement dans ce Parage, & que ceux qui diſent qu'elle n'y eſt pas ſe trompent ; elle eſt petite & baſſe, & couverte d'arbres.

13, Quand vous verrez le Cap d'Algado & les Iſles de Querimba, il ne vous faut pas approcher plus pres d'elles ny de la coſte que de 4 lieües, parce qu'en cette diſtance tout eſt bien net, & il y a beaucoup de profondeur, tant le long des Iſles que le long de la coſte, laquelle eſt baſſe en cét endroit, & il ne faut pas s'en approcher de nuit en la hauteur de 10 à 11 degrez, à cauſe qu'elle eſt ſi baſſe qu'on ne la peut découvrir qu'on ne ſoit deſſus.

14. En coſtoyant la terre, apres avoir paſſé les iſles de Querimba, on verra des pics ou pointes de rochers, les unes hautes & les autres baſſes, qui reſſemblent aux mulons de paille du champ de Santaren ; on les nomme *Piquos Fragoſos* ou *Pics de Roche*, ils commencent à Siras Capa, qui eſt à 30 lieües ou environ de Moçambique, & courent juſques à Pinda, finiſſant à l'entrée de la barre de Pinda, à quelques trois lieües en Mer de cette barre il y a une baſſe forr dangereuſe, dont il ſe faut donner de garde.

15. Ayant paſſé ces pics & la baſſe de Pinda, il ſe faut approcher plus pres de la coſte, & s'il eſt neceſſaire de moüiller l'anchre depuis ce Parage juſqu'à Moçambique, vous remarquerez qu'aux endroits où vous verrez du ſable au rivage, il y en a auſſi en Mer, & que le fonds eſt fort net, de ſorte que vous y pouvez anchrer : mais aux endroits où vous verrez des pierres ou roches au rivage, aſſeurez-vous qu'il y en aura auſſi en Mer.

16. Au Sudoueſt de Quiſemajugo, on verra une pointe de ſable, ſur laquelle ſont des arbres reſſemblans à des grands Pins, & un peu apres il y a une autre pointe vers le Sud qui eſt une terre baſſe ; & paſſant outre vers le meſme coſté, on trouve un Port, nommé le Port Dos Velhacos, c'eſt à dire, des Méchans, qui eſt à ſix lieües ou environ de Moçambique : il y a dans ce Havre une Praye ou Grave fort ſpacieuſe : on peut moüiller en ce lieu, pourveu que ce ſoit bien pres de terre, parce qu'en Mer il y a de grands fonds.

17. Entre ce Port & Moçambique, il y a une autre Plage, où deſcent un ruiſſeau qu'on appelle Quitangone, on y va de Moçambique charger de l'eau, parce qu'elle y eſt fort bonne : on y voit beaucoup d'arbres, & entr'autres des Palmiers, & il y a fort bon anchrage, parce que tout le fonds eſt net : que ſi on veut moüiller à Moçambique, il faut que ce ſoit au milieu de la barre, & un peu plus pres de la Cabeceira que de l'iſle de S. Jacques, à cauſe des vents qui regnent en cette ſaiſon.

18. Que ſi quelques vents contraires, ou les courants, ou quelques autres accidents vous ont empeſché de voir la coſte, depuis le 10 degrez juſques à 13, & que vous trouviez la variation de l'aimant de 13 degrez, c'eſt un ſigne que vous eſtes beaucoup à l'Eſt & pres de l'iſle de Commoro, & vous trouverez en Mer des brins d'herbes & d'autres choſes faites comme du Cocos, qu'on nomme Trefolis ou Truffes, beaucoup d'Alcatras gris, des Mangas de Veloudo, & quantité de branches de Sargaſſe : quand vous verrez ces marques, prenez garde d'approcher trop de ces Iſles,

& de celles d'Aro : & si vous en découvrez quelques unes, mettez-vous sur le vent le plus que vous pourrez : car encore qu'il ne soit pas trop favorable, neantmoins comme les courants qui se rencontrent autour de ces Isles portent devers l'Ouest Sudouest, ils sont capables d'emmener le Navire jusqu'à la coste de Moçambique, & pour cét effet, il vous faut tenir le vent le plus que vous pourrez, tournant la prouë sur le vent, & si l'aimant varioit de douze degrez N O, ce seroit une marque que vous seriez au milieu du Canal d'entre les Isles de Querimba & celles de Commoro.

19. De la barre de Moçambique ou de sa hauteur, il faut gouverner au Sud quart à l'Est, jusques à ce que l'on soit éloigné de la coste de quelques 18 lieües, alors on tourne au Sud, de façon que la route vaille Sud quart à l'Est, & qu'on aille passer entre l'isle de Saint Laurens & la basse de Judia, il sera bon d'avoir la veuë de l'isle de Saint Laurens par les 22 degrez ou au delà vers le Sud, & par cette route vous trouverez les vents de Sud, avec de grandes pluyes, qui durent jusqu'en Fevrier, & alors que les pluyes cessent, le vent cesse aussi : c'est pourquoy il est bon de s'approcher de l'Isle en se donnant de garde de son Prazel ou banc de l'Anse de S. Vincent, qui est en la hauteur de 20 degrez & demy, allant toûjours le plomb à la main jusqu'à cette hauteur de 20 degrez & demy, sans s'approcher plus pres que de 12 lieües ou environ à cause des courans qui en ce Parage tirent vers l'isle, & portent dans les Anses, si vous trouvez que l'aiguille varie 14 degrez & demy, vous serez en la vraye route : que si elle varie 14 degrez 45 min. ou 15 degrez, vous aurez la veuë de la terre.

20 Les signes qu'on trouve en allant vers cette Isle, sont quantité de brins ou rameaux de Sargasse en pelotons & en forme de queües de Renard, & beaucoup d'herbes entrelassées ; comme aussi des cannes semblables à celles dont on tire le sucre, avec quantité d'œufs ou fray de poisson, & tant plus vous verrez de ces signes, tant plus pres serez-vous de l'Isle : on commance à voir tous ces signes

gnes quand on est à 25 liëuës de l'Isle, on verra aussi des
Garazines, des Estapagados, des Tinosas, des Alcatras &
des Mangas de Veludo : tous ces signes ne se voyent point
en si grande quantité en allant par le milieu du Canal d'entre l'isle & la basse de Judia comme on a remarqué dans le
Routier fait pour le voyage du Cap de Bonne Esperance à
Moçambique en l'article huit ou aux suivans, il faut avoir
grand soin d'observer les advertissements qui sont dans ces
articles.

21. Quand vous serez au dehors de l'isle de *S. Laurens*,
en la hauteur de 27 degrez il faut gouverner au Sudouest,
n'allant point par cette route en cette hauteur vers le Sud
que de 31 degrez, & estant en cette hauteur, il faut tourner à l'Ouest Sudouest pour passer à la veuë du Cap des Aiguilles, si vous estes au mois de Mars : & de là, continuer
le voyage, ainsi qu'il sera enseigné ensuite du Routier qui
décrit le chemin de Goa ou de Cochin par le dehors de
l'isle de S. Laurens.

VOYAGE DE COCHIN AV CAP DE BONNE
Esperance par le Moçambique.

1. POUR aller de Cochin en Portugal, & faire
le voyage par Moçambique en passant entre la
terre ferme & l'isle de S. Laurens, il ne faut
point partir plus tard que le commencement de
Ianvier, & au sortir de la barre de Cochin, il faut prendre
sa route à l'Ouest quart de Nordouest, de façon qu'on aille
par les neuf degrez quarante-cinq minuttes de latitude,
droit au Canal d'entre les isles de Pelipenem & de Melique, & qu'on passe entre ces Isles, & apres estre sorty
de ce Canal, il faut continuer sa route qui vaille l'Ouest
quart Nordouest, & ne prendre point l'Ouest quart
de Sudouest jusqu'à la hauteur de 6 à 5 degrez du costé du
Nord.

2. Il fera fort à propos d'avoir la veuë de la coſte d'Affrique en la hauteur de ſix à cinq degrez Nord, & tant que vous ſerez en la hauteur de cinq degrez Nord, vous devez prendre garde de prez à voſtre Navigation, ſuivant les avis portez par le Routier precedent du voyage de Goa au Cap de Bonne Eſperance quand on paſſe par la coſte de Moçambique, & ſi vous avez la veuë de la coſte en cette hauteur, il faut faire les routes ſelon que ce Routier vous enſeigne.

3. On eſtime qu'on peut tenir cette route encore qu'on ſoit plus avancé dans la ſaiſon, quand meſme on ne partiroit de Cochin qu'à la fin de Janvier, & qu'il eſt meilleur d'aller par la Deſerte, car l'on perdra moins de temps que ſi on partoit de Goa en cette meſme ſaiſon, parce que le chemin eſt plus court par cette route que lors qu'on part de Goa.

4. Ce qui rend ce voyage plus facile eſt, qu'apres avoir paſſé le Canal d'entre les iſles de Melique & de Mamalé, les eaux portent à l'Oueſt, & à l'Oueſt Nordoueſt, ce qui fait beaucoup avancer les Navires, & on n'a pas le meſme avantage quand on part de Goa, joint que dans ce temps & en ce mois les vents ſont ordinairement Nordeſt & Nord Nordeſt, qui ſont des vents propres pour faire le voyage.

Le Vice-Roy d'Omaleïxo, mit en queſtion, par ordre du Roy de Portugal, ſi ce voyage ſe pouvoit faire, ſur quoy on appella au Conſeil tous les Pilotes qui ſe trouuerent alors à Liſbonne : l'avis commun fut qu'il eſtoit bon de le faire ſuivant la route que je viens de décrire.

VOYAGE DE GOA AV CAP DE BONNE
Esperance par le dehors de l'Isle de S. Laurens, qui est la vieille Route.

1. PARTANT de Goa pour retourner en Portugal; & voulant faire le voyage par le dehors de l'isle de S. Laurens, il faut partir au matin avec le vent de terre, & gouverner à l'Ouest Nordouest de terre, & quand le Viracoa se fera sentir, il s'en faudra servir le plus que l'on pourra jusqu'à ce que l'on soit à 40 lieües ou environ de la coste, & qu'on trouve le vent de Nord Nordest, avec lesquels on fait sa route vers Ouest, jusqu'à ce qu'on soit Nord & Sud, avec les basses de Achare Caneane, tâchant de les éviter, comme aussi celles de Padoüa, qui sont fort dangereuses, à cause que la Mer les couvre, & qu'on ne les peut voir qu'on ne soit dessus.

2. A quelque distance de ces basses on verra l'eau trouble, & beaucoup de limon vert, avec quantité de petits poissons rouges par bandes, & un grand nombre d'oiseaux: mais quand on est à l'Ouest de la basse d'Achare Beneane, on ne voit rien de cela.

3. Apres qu'on a passé cette basse d'Achare Baneane, il faut gouverner au Sud Sudouest, & ne point prendre plus au Sud, donnant par estime au Vaisseau la mesme route que vous luy voyez faire à cause que la variation de l'aiguille, qui est de 18 degrez Nordouest, recompense le dechet que donnent les courants, lesquels portent vers Ouest Nordouest, il faut gouverner ainsi jusques à la hauteur de neuf degrez, & apres il faudra suivre la route qu'enseigne le Routier suivant.

VOYAGE DE COCHIN AV CAP DE BONNE
Esperance par la Vieille Route; Sçauoir, par le dehors de l'Isle de S. Laurens.

1. QUAND on retourne de Cochin en Portugal, & qu'on veut passer par le dehors de l'isle de S. Laurens, qui est la vieille route, il faut gouverner de la barre de Cochin, à l'Ouest Nordouest, jusqu'à ce qu'on soit environ à trente lieües de la coste, & estant à cette distance, il faut gouverner à l'Ouest quart du Nord, en sorte qu'on passe par entre les Isles de Paliper & celles de Melie, se donnant de garde des eaux qui courent au Sudouest, jusques à cette Isle.

2. Ayant passé ce Canal, il faut aller par la hauteur de 9 degrez 45 minuttes, jusques à ce qu'on soit à trente lieües ou environ à l'Ouest de ces Isles, & de là, il faut gouverner au Sud Sudouest, & estimer le chemin du Navire suivant le lieu où il aura le Cap, à cause des eaux, qui à la sortie de ce Canal, viennent de ces Isles & de celles des Maldives, & courent à l'Ouest, & à l'Ouest Nordouest : à la sortie de ce petit Canal, sçavoir du costé de l'Ouest, l'aiguille Nordoueste de 18 à 19 degrez.

3. Il faut suivre cette route de Sud Sudouest jusques par les 15 degrez en latitude du costé du Sud, & on fera bonne route si on passe à l'Est des sept Irmaos, & de maniere qu'on aille par le milieu du Canal d'entre ces Isles & la basse de Pedrodos Banhos, se donnant de garde des isles de Roque Pires, qui est en ce Canal & à la hauteur de six degrez, comme j'ay déja dit dans le quatriéme article du Routier du Cap de Bonne Esperance à Cochin, quand on passe par le dehors de l'isle de S. Laurens.

4. Les vents de ce Parage jusques à la hauteur de cinq

degrez du cofté du Sud , font favorables : fçavoir de Nordeft & de Nord Nordeft , & de là en avant on trouve les vents d'Oueft Nordoueft , & de Nordoueft quelquesfois avec grandes pluyes , & lors que vous trouverez ces vents, il faut gouverner depuis les quatre degrez au Sud quart Oueft , jufques à la hauteur de huit degrez , & de cette hauteur il faut gouverner au Sud quart d'Eft jufques par les 12 degrez.

5. De la hauteur de dix degrez Sud jufques à 12 deg. on trouve des calmes, encore qu'il arrive par fois & en quelques années qu'il y ait des vents d'Oueft , Nordoueft & de Nordoueft, jufques par les 15 degrez, & depuis la Ligne jufques à cette hauteur, en faifant la route que je viens de dire , on trouvera que l'aimant varie de 12 degrez jufques à 20 degrez & demy, & quand on a cette variation, c'eft une marque qu'on tient la vraye route : Toutesfois il ne la faut pas dreffer fur cette variation lors qu'on court fur la Carte , à caufe des courants, qui par toute cette route portent à l'Oueft Nordoueft , principalement fi on a des calmes, ou que le vent foit foible : car il faut prendre garde à tout, & recompenfer une chofe par l'autre , & ainfi quand on a de grands vents, il faut avoir quelque égard à la variation de l'aiguille : parce que le vent étant grand, il empefche que les courants n'emportent le Vaiffeau, comme ils feroient s'ils eftoient foibles, & en donnant le dechet au Vaiffeau, il faut confiderer fon fillage , la force du vent, & des courants, & la grandeur de la variation, & fi on balance bien toutes ces chofes , on pourra prendre la vraye route.

6. Or pour éviter les baffes des Chagas & de Pedro dos Bannos, & des Garayos : lors que vous ferez par la hauteur de quatre degrez du cofté du Sud , il faut gouverner au Sudoueft quart de Sud, jufqu'à ce que vous foyez par les fept degrez, & de cette hauteur il faut gouverner au Sud Sudeft, & au Sud & quart de Sudeft, jufques par les 12 degrez, & en faifant cette route, vous éviterez cette baffe, & pafferez au vent d'elles, & par le milieu du Ca-

nal d'entre ces basses, & c'est la vraye route qu'on doit tenir, il faut bien prendre garde à cét avis, & à celuy de l'article precedent, avec lequel on corrige la route qui est enseignée en l'article quatriéme de ce Voyage-cy.

7. Quand on a passé les 12 degrez, on trouve pour l'ordinaire des vents Sudest, & ce sont les plus frequents dans ce voyage, jusques à ce qu'on soit à l'isle de S. Laurens : quand on rencontre ces vents, il faut aller au Lof le plus qu'on pourra, jusqu'à ce qu'on ait passé les basses des Garayos, & se donnant de garde de l'isle de Brandoa qui est toute entourée de bancs, il ne faut point passer de nuit en sa hauteur, si ce n'est en faisant bon quart, & faisant monter au soir à Soleil couchant sur les Matereaux, pour voir si on découvrira quelque chose en Mer, & ne faire pas plus de chemin la nuit que vous en aurez découvert, & apres il faut mettre le Navire de costé jusques au landemain matin.

8. Cela se doit pratiquer toutesfois & quantes qu'on approche de quelque isle & basse, & qu'on passe par leur hauteur dans ce Parage, où il faut toûjours Naviger avec la mesme vigilance, faisant sentinelle sur les Matereaux, & il ne se faut point trop fier aux Cartes, parce qu'elles ne montrent pas au vray en quel lieu sont les basses & les isles, ny comme elles gisent l'une à l'égard de l'autre en ce Parage : c'est pourquoy il ne s'en faut pas rapporter qu'à sa veüe, par la bonne garde qu'on fait & au bon gouvernement.

9. Voicy les signes qu'on trouve en route. Quand on passe pres des sept Irmaos, ou sept freres, qui sont en la hautevr de 4 degrez Sud, on voit grande quantité de Sargasses amassées ensemble, & si on passe pres de cette isle & basse, on ne rencontrera que quelques petites branches de cette herbe : on y voit aussi beaucoup de Garazines, des Garayos, des Alcatras gris, des Rabos Forcados, & des Tinosos : mais le principal signe qu'on puisse avoir quand on est pres des basses des Garayos & de sa hauteur, est que

les eaux portent deffus, & qu'à 30 lieües à l'Eft de ces baffes, l'aiguille Nordouefte de 21 degrez 30 min. & à vingt
lieües à l'Oueft de 19 degrez O, Minuttes.

10. Quand on paffe ces baffes des Garayos & l'ifle de
Brandoa, il faut gouverner de façon qu'on puiffe voir
l'ifle de Diego Rois, qui eft fort faine, & qui eft bien
marquée dans les Cartes : elle a feulemeur une chaîne
de Rochers qui eft pres de terre du cofté de l'Oueft :
cette ifle n'eft pas bien haute à fa veüe; on trouve vingt
degrez de variation Nordoueft, & à l'Eft d'elle 22 degrez
30 min. N, O.

11. De la veüe de cette Ifle ou de fa hauteur, & en
eftant à l'Eft, il faut prendre fa route au Sudoueft quart
d'Oueft, de maniere que quand vous ferez Nord & Sud
avec les baffes de l'ifle de S. Laurens, vous en foyez éloigné
de quelques 80 lieües dans la route de cette ifle de Diego
Rois, à la tefte ou pointe de l'ifle de S. Laurens, il faut
donner le decher en courant fur la Carte, de la variation
toute entiere.

12. En ce lieu, au Sud de S. Laurens, la variation eft
de 18 degrez N O, & de là, il faut faire voftre route de
telle façon que vous foyez Nord & Sud avec les baffes de
Judia, & foyez avertis qu'il arrive fouvent en ce Parage,
que les eaux courent au Sudoueft : de ce lieu, au Sud des
baffes de Judia, il faut gouverner en forte que la route
vaille Oueft Sudoueft, jufques à ce que vous foyez Nord
& Sud avec le milieu de la Baye de la Lagoa, il fera
bon que vous foyez alors à trente-cinq lieües de terre ou
environ.

13. Entre ce Parage & le Cap de Bonne Efperance, on
eft fouvent contraint de plier les voiles à caufe des vents
contraires de Nordoueft, d'Oueft, & de Sudoueft, qui
viennent avec grande impetuofité, & caufent fouvent des
tourmentes : c'eft pourquoy j'eftime qu'il vaut mieux naviger en forte, qu'on foit toûjours éloigné de terre de 35
lieües, & qu'en cas de befoin on n'en approche pas plus
pres que de 25 lieües ou 20 tout au plus, afin que s'il

vient des vents de Nordoueſt, on navige avec les grandes
voiles, ſeulement vers le Sudoueſt, & ſi le vent vient à
tournoyer à l'Oueſt & au Sudoueſt, on cingle vers la bande
du Nord, juſqu'à ce qu'on ſoit à 20 lieües de la coſte, &
que pendant le temps que ces vents dureront, on puiſſe
louvier ſur un bord, & puis ſur l'autre, & qu'on ne plie
jamais toutes ſes voiles, parce que cela ſeroit cauſe que les
grandes vagues & le balancement du Vaiſſeau, le pourroit faire ouvrir, au lieu que les voiles le font tenir tout
droit, & comme les Caraques reviennent chargées juſques
aux Chaſteaux, ces balancements font entr'ouvrir les
jointures & liaiſons, & cela a eſté cauſe que quelques
Vaiſſeaux ſe ſont perdus, & ceux qui en rechappent, reviennent ſi fracaſſez, qu'ils ne ſont plus propres à faire
voyage.

14. Cela eſt arrivé quelquesfois à ceux qui ont ſuivy
les avis du Routier des anciens Pilotes, dans leſquels lors-
qu'on part de bonne heure, on voit la terre à 33 degrez
40 minuttes, & 34 degrez: mais quand on part tard, on
a la veuë à 32 degrez 30 minuttes, & on trouve la Mer
fort groſſe eſtant à la veuë de la coſte: alors les vents de
Nordoueſt, d'Oueſt, & Sudoueſt eſtans ſurvenus, on n'a
pas ſi-toſt plié les voiles, que les grands balancemens con-
traignent de retourner en arriere, & de preſenter la poupe aux vagues, & ainſi on pert le chemin qu'on avoit fait,
mais on ſe doit gouverner comme il ſera dit en l'article
qui ſuit.

15. Quand on eſt à 80 lieües Nord & Sud de la reſte de
S. Laurens, en paſſant vers le Sud, on fait ſa route vers
Oueſt, juſqu'à ce qu'on ſoit Nord & Sud des baſſes de Judia, & de là, allant vers Oueſt Sudoueſt, juſques à eſtre
Nord & Sud avec le milieu de la Baye de la Lagoa, & paſſant à 35 lieües d'elle en Mer, afin de pouvoir ſe ſervir du
vent, on fait ſa route à Oueſt quart & Sud, ſe tenant éloigné de la coſte de quelques 30 lieües.

16. Quand le vent devient contraire, il faut courir ſes
bordées avec la grande voile, comme il eſt dit en l'article

treize,

& n'en faire déployer que cinq braſſes : & afin de ne rien perdre, on fait mettre la Bonnette quand le vent eſt bon , & on l'oſte quand il eſt contraire : on ſe ſert auſſi de la grande voile du Matereau ou Maſt d'avant, & avec ces deux voiles, trouſſées juſques à my maſt, on va louviant quand on voit le vent contraire, & navigeant ainſi, jamais il n'arrive d'avoir de ſi grands balancemens, & le Vaiſſeau ne ſe tourmente point tant que lors qu'on a plié toutes les voiles, parce qu'avec les voiles on ſouffre mieux les vagues : & auſſi, parce qu'eſtant éloigné de la coſte de trente lieües, la Mer n'eſt pas ſi enflée qu'elle l'eſt à la veuë de terre, & ainſi on n'eſt point expoſé à recevoir de grands coups de vagues ſur la poupe du Vaiſſeau, ny obligé à rebrouſſer chemin, & retourner d'où l'on eſt party, au contraire, on trouve que le Vaiſſeau ſe ſoûtient mieux ſous le vent, & on employe bien moins de temps pour paſſer de la Baye de la Lagoa au Cap de Bonne Eſperance, & pour le doubler.

17. On trouvera par cette route que je conſeille de ſuivre, depuis la Baye de la Lagoa juſques au Cap de Bonne Eſperance , en allant par la hauteur de 25. degrez 45 minuttes, & par 36 degrez 20 minuttes, que les eaux courent au Sud avec grande vîteſſe, & principalement lors que les vents viennent de l'Oueſt , & tant plus le vent eſt grand, plus les eaux courent au Sudoueſt, de façon que les Navires qui paſſeront la Baye de la Lagoa pour aller au Prazel ou Banc des Aiguilles, ne peuvent manquer en quelque temps que ce ſoit, de doubler le Cap de Bonne Eſperance, avec l'ayde de Dieu, en louviant, parce que les courants en cét endroit, portent les Navires vers le Cap.

18. Quand on eſt éloigné d'environ 25 lieües Nord & Sud de la Baye de la Lagoa, on trouve cinq degrez de variation Nordoueſt, & ſi depuis ce Parage on eſt ſoigneux de marquer chaque jour la variation, on connoîtra aiſément quand on ſera vis-à-vis du Cap de Bonne Eſperance, ſoit qu'on aille en louviant, ou qu'on ait bon

vent, parce qu'à 25 lieuës ou environ de vers le Sud de l'Aiguade de San Bras, l'aiguille varie de trois deg. & demy Nordoueſt : & en pareille diſtance de la Baye de S. Sebaſtien, de deux degrez ſeulement, & ſur le Prazel ou banc des Aiguilles en trente-ſix degrez de hauteur, elle eſt fixe, & de là au Cap de Bonne Eſperance, elle commence à Nordoueſter ; car eſtant hors la veuë du Cap Falſo, & vers le Sud, elle Nordeſte de 40 minuttes, & 25 lieuës ou environ au Sud du Cap de Bonne Eſperance, d'un degré 20 minuttes : & par cette variation, l'on pourra connoiſtre à combien on eſt de ce Cap, & quand on l'aura paſſé ; (car alors qu'on trouve deux degrez de variation Nordeſt) on peut s'aſſurer d'avoir paſſé le Cap, encore qu'on ne l'ait point veu.

19. De plus, dans ce Parage, depuis l'aiguade de San Bras juſques au Cap des Aiguilles, on pourra connoiſtre ſi on approche de ſon Prazel ou Banc, en jettant ſouvent la ſonde : car ſi vous eſtes au Sud de l'Aiguada de S. Bras, vous ne trouverez point de fonds, ſi ce n'eſt à veuë de terre, & à 8 lieuës ou environ où le fonds eſt de vaze : & de cét endroit approchant plus de terre, vous trouverez 70 & 80 braſſes, fonds de coquillage, avec de gros ſable & brugalao ou caracols.

20. Mais allant de cette Agoada ou Prazel des Aiguilles, on trouvera le fonds à 70 & 65 braſſes ſans voir la terre, allant par les 35 degrez 40 minuttes de latitude, & le fonds ne ſera que de ſable menu griſaſtre. mais au Prazel, le fonds eſt de menu ſable blanc ; & du Prazel au Cap falço, il eſt de menu ſable noir, & en quelques endroits eſt meſlé de vaze, & outre cela on trouvera les ſignes dont il a eſté parlé dans le Routier de Liſbonne aux Indes Orientales, aux articles 30, 31 & 32.

21. Si on n'eſt point trop vers la coſte de la Baye de la Lagoa allant au Cap des Aiguilles, vous n'aurez aucune variation : de ce lieu il faudra gouverner par l'Oueſt, juſques à ce que vous ſoyez à 20 lieués du Cap de Bonne Eſperance vers Oueſt, & vous connoiſtrez que vous eſtes en

cette distance par la variation de l'aimanr, qui est pres de deux degrez Nordest en cét endroit.

22. Et si vous avez esté louviant entre le Cap des Aiguilles & celuy de Bonne Esperance,& que le vent eust esté Nordouest, il faudroit courir sur le Sudouest, jusqu'à ce que vous fussiez à 35 lieuës de la coste, & comme le vent viendra à tournoyer & à ce faire Ouest Sudouest, & Sud Ouest, il faudra tourner & courir sur le Nordouest : car par ce moyen vous doublerez le Cap de Bonne Esperance : estant en cette distance de sa coste, on ne trouve point d'abry dans tout ce Parage contre le vent de Nordouest, ny contre celuy d'Ouest : c'est pourquoy il vaut mieux estre en Mer que proche de la coste, & cét avis est d'autant plus asseuré, qu'estant pres de la terre, tous ces vents ne peuvent servir à moins qu'ils ne passent du Sud au Sudest, & si le vent de Sud vient à s'élever, la Mer s'enfle de telle sorte, que si vous estes pres de la coste, vous serez en grand danger d'estre jettez dessus, & ce ne sera pas sans beaucoup de peine que vous vous en pourrez éloigner ; Toutes ces considerations font juger qu'il est plus seur de se tenir a la distance de 30 lieuës de la coste dans tout ce Parage depuis l'Agoada de San Bras jusques au Cap de Bonne Esperance, que de là courir à la veuë, & quand on sera passé le Cap de Bonne Esperance, on tiendra la route qui suit.

VOYAGE DV CAP DE BONNE ESPERANCE
à Lisbonne par l'Isle de Sainte Heleine.

S I l'on a passé à la veuë du Cap de Bonne Esperance, il faut avant que de le perdre de veuë, gouverner au Nordouest, rabatant la variation de l'aimant en courant sur la Carte, & si l'on veut aborder à l'isle de sainte Heleine, on gouvernera toûjours au Nordouest jusques à ce qu'on soit dans sa hauteur, qui est de 16 degrez Sud : mais si on passe le

Cap de Bonne Efperance fans le voir, quand on trouvera que l'aimant Nordefte de deux degrez, il faudra gouverner trois jours durant au Nord quart au Nordoueft, & puis au Nordoueft le refte du chemin, jufqu'à la hauteur de 16 degrez Sud.

2. Eftant en cette hauteur de 16 degrez, il faut gouverner une partie du temps à l'Oueft, & autant à l'Oueft quart & Sud, pour faire que la route vaille l'Oueft jufqu'à ce qu'on voye l'ifle de fainte Heleine : à 30 lieuës ou environ à l'Eft de cette Ifle, l'aimant varie de fept degrez & demy Nordeft, & dans fon Port, huit degrez peu plus, & faifant cette route vous irez droit à cette Ifle, de cette diftance de 30 lieuës à l'Eft de l'Ifle, on commence à voir des oifeaux, nommez des Garazines & Tinofos.

3. Si vous découvrez l'Ifle à telle heure que vous ne puiffiez pas y aller moüiller de jour, ne laiffez pas de vous en approcher, & quand vous en ferez à quelques trois lieües, pliez vos voiles, & ne laiffez que la grande, jufqu'au lendemain matin, prenant garde de donner fur l'Ifle : car vous l'appercevrez toûjours en eftant à cette diftance, parce qu'elle eft fort haute & Montagneufe ; fa cofte eft auffi fort nette, il y a dix braffes d'eau.

4. Le Port où les Navires moüillent eft dans la face de l'Ifle, qui gît à peu pres Nordeft & Sudoueft, & dans cette face eft l'Hermitage ou Chappelle de fainte Heleine, devant laquelle il faut mouiller fur 12 braffes d'eau, lors que vous voudrez entrer dans ce Port, ayez grand foin de bien gouverner, parce qu'il vient des bouffées de vent de divers coftez par les entre-deux des Montagnes, qui quelquefois font favorables, & quelqusfais contraires.

5. On voit cette ifle d'environ 15 lieuës loin en Mer, il femble que ce foit deux petites Ifles, & cette apparence eft caufée par deux Montagnes, l'une defquelles eft au milieu de l'Ifle, & l'autre fe nomme Sparavel : dans la pente de ces Montagnes font trois vallées qui defcendent vers le lieu où on moüille, par lefquels defcendent des torrens ;

dans la troisiéme est le ruisseau qui passe pres de la Chappelle de sainte Heleine où on se fournit d'eau, & c'est là où est l'Hermitage, qui est une petite maison : cette Isle est petite, & n'a pas plus de six lieuës de tour, & deux ou trois de large, elle a quatre faces qui la font quarrée.

6. Lors que vous voudrez moüiller l'anchre, il faudra taster le fonds avec la sonde, pour voir si il est net : car depuis que les Holandois sont venus à cette Isle, ils y ont perdu plusieurs anchres, & si on vient à moüiller en ces lieux, les cables se coupent. Prenez donc garde de ne point moüiller qu'apres avoir bien consideré le fonds, & que ce soit entre le Morro ou Tertre qui est entre le lieu ou l'on avoit accoûtumé autresfois de faire aiguade, & celuy où on la fait à present qui est joignant la Chappelle, afin d'estre mieux à l'abry des travades, ou bouffées de vents qui viennent des vallées d'où coulent les eaux de la vieille aiguade, & celles qui coulent pres de la Chappelle.

7. En partant de cette Isle pour aller à Lisbonne, il faut gouverner Nordouest, peu plus au Nord, jusques à ce qu'on en soit à 80 lieuës, & de là, il faut gouverner au Nordouest, quart à l'Ouest jusqu'à ce qu'on découvre l'Isle de l'Ascension, qui git Sudest & Nordouest avec l'isle de sainte Heleine, & de la veuë de l'isle de l'Ascension ou de sa hauteur, il faut gouverner au Nordouest quart d'Ouest jusques à quatre degrez de latitude Sud, & de là au Nordouest, peu plus au Nord, en sorte qu'on passe 40 lieües à l'Est du Tenedo ou Rocher de S. Pierre, & de là, il faut faire suivre le voyage ainsi qu'il est enseigné par le Routier suivant, qui conduit d'Angola à Lisbonne au troisiéme article & aux suivans.

VOYAGE DV CAP DE BONNE ESPERANCE
à Lisbonne, par la coſte d'Angola.

1. SI en paſſant le Cap de Bonne Eſperance vous aviez manqué de vivres, ou de quelqu'autre choſe qui vous obligeaſt d'aller à Angola : pour y aller, dès que vous ſçaurez eſtre vingt lieuës à l'Oueſt du Cap de Bonne Eſperance, ſoit pour avoir veu la terre ou par la variation, il faut cingler au Nord Nordoueſt juſques par les 23 degrez Sud, & de là, gouverner au Nord juſques à 16 degrez, & par cette route vous aurez la veuë du Cap Negro ou de la terre d'autour, & vous devez éviter ſoigneuſement les baſſes & les bancs de la coſte qui eſt pres de ce Cap.

2. J'eſtime que le plus aſſeuré, eſt de voir la terre en quelque endroit, depuis les 13 degrez Sud & plus au Nord, pour ne ſe point laiſſer abattre dans l'ance du Cap Negro, & auſſi pour accourcir le voyage vers Angola, & allant de ce Cap à l'Angra de Negro, on trouve des grands calmes, & les courants empeſchent, lors que cela arrive, de paſſer outre : mais par les 13 degrez, à la veuë de terre, on ne trouve point tant de courants depuis ce Parage allant vers le Cap Ledo, & on eſt à Angola en bien moins de temps.

3. Les ſignes qu'on a entre le Cap de Bonne Eſperance & celuy de Negro, ſont des Trombes, des Gayvotonnes ou Mauvettes, des Alcatras, des Mangas de Veludo, & des petits Corbeaux, & à la hauteur de 20 degrez vers le 19, on voit la Mer fort verdaſtre, & paroiſt un peu trouble, comme s'il n'y avoit pas beaucoup de fonds : on trouve cette ſorte d'eau en la hauteur de 25 degrez, & on ne trouve point de fonds. On voit auſſi en ce Parage beaucoup de Mangas, des Corbeaux & des Mauvettes ſur l'eau, & on en rencontre toûjours juſques à la veuë de

terre : la cause pourquoy on trouve cette eau si avant en Mer, est qu’en cette hauteur il y a un banc avec un grand courant, & on ne passera jamais par cette route du Cap de Bonne Esperance au Cap Negro, l’aimant change fort lentement sa variation : car à la veuë du Cap de Bonne Esperance, il ne varie que d’un degré vingt minuttes Nordest, & à la veuë du Cap negro, de trois degrez : c’est pourquoy on n’a pas beaucoup d’égard à cette variation.

4. Les vents qui regnent ordinairement en ce Parage au mois d’Avril & de May, sont ceux de Sud, & de Sud Sudest, & plus tard, en Juin & Juillet, ceux de Sudouest, & Ouest Sudouest jusques au Cap Negro, & passé ce Cap: si on est pres de la coste, on aura des vents de terre ou bizes : Apres qu’on a passé le Cap Negro, si on a eu la veuë, il faut faire la route au Nord, & pour découvrir la terre en la hauteur de treize degrez tendant vers les douze, & tant plus on approche du Cap Ledo, tant moins on rencontre des calmes.

5. Dans la saison dont nous venons de parler, les eaux courent du Cap Negro vers l’Ouest Nordouest, & le Nordouest, & estant à quatre lieues ou environ de la coste, vous trouverez qu’elles courent tantost vers le Nord, & tantost vers le Sud, comme les Marées, il est bon de se tenir éloigné de la coste environ cinq lieuës, & approcher si on veut d’une lieuë & encore plus : & quand le vent deviendra trop eschars & peu favorable, on pourra moüiller sur 25 brasses : le fonds est en des endroits de vaze molle, & en d’autres, de sable & de coquillage : Tout le long de cette coste il n’y a rien à craindre, parce qu’elle est nette par tout, & on y trouve beaucoup de poisson.

6. En la hauteur de 11 degrez 45 minuttes, est Angra de Negro, & un peu au delà on voit des Dunes escarpées, sur lesquelles la Mer rompt beaucoup, & la derniere pointe de ces Rochers, semble la pointe des Cassilhas de Lisbonne, & au delà de cette pointe est Angra, où il y a

une riviere qui entre en Mer, & qu'on voit : la terre de ce Parage est verte, & paroist fraîsche couverte d'arbres, on y va d'Angola pour traiter des coquilles, qui sont semblables à de petites coquilles qu'on appelle Zimbo.

7. Depuis les treize degrez en allant vers le Morre, ou terre de Bangale, la coste git Nord Nordest, & Sud Sudouest, & cette terre de Bangale ressemble au Cap de Spichel : il est escarpé du costé de la Mer, & de ce Morre ou Tertre, la coste s'étend vers le Nordouest, jusqu'au Cap de Ledo, & à moitié chemin de ces deux Caps, il y a une grande Anse ou Baye, qui est en la hauteur de 10 degrez trente minuttes.

8. A l'entrée de cette Anse du costé du Sud, il y a une pointe, qui paroist comme si c'estoit la fin de la coste, mais quand on est vis-à-vis de cette pointe, on découvre une autre pointe, & l'anse paroist toute entiere : Ces terres sont basses par le milieu, on y voit comme deux boccages qui paroissent de loin comme deux islets : apres qu'on a passé cette anse, on trouve le Cap Ledo, où les terres de la coste sont plus basses & plus égales : il y a des lombades ou terres hautes & basses, sur lesquelles on voit des arbres, & au bord de la Mer il y a des sables.

9. Le Cap Ledo est une terre qui n'est pas beaucoup élevée, qui ressemble à une Citadelle, & il y a une anse qui donne entrée dans le pays : mais son emboucheure est bien estroite, & passé ce Cap, la coste court au Nord Nordest, les terres y sont basses, & en quelques endroits ce sont des dunes blanches, avec quelques arbres, & cette coste finit à Angra de Palmerinas, & quand on a passé ce lieu, on voit des veines rouges à la terre, plate & raze le long de la Mer, avec des sables jusqu'à la barre de Corrimba, qui est basse, & a une chaîsne de Rochers qui avance bien demie lieuë en Mer.

10. Si-tost que vous aurez passé cette barre de Corrimba continuant vostre chemin vers Angola, il faut approcher de l'isle de Loanda jusqu'à ce que vous ayez fonds de 20 brasses, & allant sur cette profondeur, vous passerez d'un

Faucouneau

Fauconneau de cette Ifle qui eft fort raze : vous la connoiftrez fi-toft que vous ferez fur fon fable , parce que vous découvrirez toute-à-l'heure la Mer qui eft l'autre cofté : Cette ifle de fable prend fon commancement à l'entrée de la barre d'Amba, & elle a environ 7 lieuës de longueur, & va jufques à l'entrée de la barre d'Angola : cette Ifle eft fort eftroite, & n'a pas plus de demie licuë en fa plus grande largeur.

11. En allant le long de cette Ifle à la diftance d'une portée de Fauconneau ; quand vous ferez arrivé à la derniere pointe qui eft du cofté de Nordeft, vous pouvez aller avec affurance fur 15 braffes d'eau, parce que tout y eft fort net, comme auffi tout le long de l'Ifle, & depuis cette pointe jufqu'à la barre d'Angola : il faut moüiller l'anchre devant une terre rouge, qu'on appelle la terre de l'Angouffe, au milieu de la baye fur 15 braffes, & le lendemain on peut aller avec les vents de terre amarer au lieu accouftumé, où font les Vaiffeaux Marchands, vis-à-vis d'une maifon qui eft dans l'Ifle, où on affemble les Negres qu'on envoye aux Indes & au Brezil : En cette Ifle on trouve de fort bonne eau dans des trous qu'on fait dans le fable, elle eft meilleure quand la Marée eft haute.

VOYAGE D'ANGOLA A LISBONNE.

1. PARTANT d'Angola à Lifbonne, lorsque vous ferez en Mer hors de l'ifle de Loanda, il faut gouverner à l'Oueft & à l'Oueft Sudoueft, jufqu'à ce que vous ayez perdu la terre de veuë, & vous en éloigner autant que le vent le pourra permettre, & quand vous en ferez à trente lieües vous aurez incontinent le vent de Sud & de Sud Sudeft, avec lequel vous pourrez aller à l'Oueft, & pendant que vous ferez encore proche de terre, prenez garde aux courants qui portent au Nordoueft.

L

2. Quand vous aurez rencontré les vents generaux de Sud Sudeſt, il faut gouverner à l'Oueſt, de façon que vous paſſiez environ à 20 lieües au Nord de l'iſle de l'Aſcenſion : & pour ſçavoir ſi vous en paſſez au Nord, il faut obſerver la variation de l'aimant, qui dans le Port d'Angola eſt de quatre degrez Nordeſt, un peu plus, & n'augmente en ce Parage que fort lentement : & ſi vous trouvez qu'en la hauteur de ſix degrez & demy Sud, l aimant Nordeſte de ſept degrez, vous ſerez au Nord de l'iſle de l'Aſcenſion, & en ce Parage vous verrez beaucoup d'Alcatras nageans ſur l'eau, des Rabos Forcados, des Linoſos, des Garayos, & des Garazines par troupes : & lors que vous ne verrez plus tous ces oiſeaux, vous aurez paſſé l'iſle de l'Aſcenſion.

3. Ayant paſſé cette iſle de l'Aſcenſion, il faut gouverner au Nordoueſt quart Oueſt, juſques par les 4. degrez Sud, & de là, gouverner au Nordoueſt, de maniere que vous paſſiez environ 40 lieües à l'Eſt du Tenedo ou Rocher, vous gouvernerez au Nord Nordoueſt juſques à ce que vous trouviez les Travades ou Tourbilons de la coſte de Guinée.

4. Ces travades & pluyes durent juſques à la fin de May, & elles continuent juſques par les ſix degrez Nord, & depuis cette hauteur, tirant vers le Nord : & dans le meſme mois de May on trouve les vents generaux, qui ſoufflent de Nordeſt & de Nord Nordeſt, quelquesfois plus contraires, & d'autresfois plus propices ; Que ſi on ſe trouve ſous cette hauteur dans le mois de Juin, Juillet & Aouſt, qui eſt bien tard, on aura des travades juſques par les 14 à 15 degrez Nord, & on ne trouvera point les vents generaux qu'en cette hauteur, & plus au Nord.

5. Et lors que vous trouverez les vents Sudoueſt & Oueſt Sudoueſt par les ſix degrez Nord, il faut gouverner au Nord, Nordoueſt, & au Nord quart Nordoueſt, de peur que ſurvenant quelques vents un peu contraires, vous ne vous engagiez pas trop à l'Oueſt dans la Mer de Sargaſſe : car tant plus vous tiendrez de l'Eſt, tant plus vous

accourcirez voſtre voyage, & ne craignez pas d'approcher trop de la Guinée par cette route : parce qu'en la faiſant, vous ne vous en approchez pas plus, que quand vous y paſſez allant vers les Indes, & vous en ſerez toûjours à plus de 150 lieües, & ne paſſerez point plus pres que cela des baſſes de ſainte Anne : de là vous retirerez cét avantage que vous n'aurez point tant de travades n'y de pluyes, & il n'eſt plus mention dans ce Parage de la Guinée, quând on en eſt à cette diſtance.

6. Mais allant avec les vents generaux, & eſtant en la hauteur de 17 degrez, ſi l'aiguille Nordeſte de ſix degrez, vous eſtes dans la vraye route, & parce qu'en ſuivant cette route qui conduit à la Mer de Sargaſſe, on ne trouve pas les vents, il eſt bon d'aller à Lof, & de tenir le vent le plus pres qu'on pourra : & ſi vous trouvez en la hauteur de trente degrez, que l'aimant Nordeſte de quatre à cinq degrez, vous aurez bien navigé, & ne vous aurez point trop laiſſé aller à l'Oueſt, & tant que vous ſoyez à la veüe de l'iſle des Aſſorcs, l'aiguille variera toûjours vers le Nordeſt.

7. Mais ſi l'aiguille Nordeſte d'un ou deux degrez en la hauteur de trente degrez, vous ſerez trop à l'Oueſt : & ſi le vent ne devient plus favorable pour vous mettre plus à l'Eſt, l'aiguille deviendra fixe quand vous ſerez par les trente-quatre ou trente-cinq degrez, & alors vous ſerez à l'Oueſt Sudoueſt, environ deux cent lieües de l'Iſle de Flores, & de ce Parage, ſi vous allez plus à l'Oueſt, vous aurez la variation Nordoueſt, & de ce point & diſtance où il n'y a aucune variation, l'aiguille Nordeſte toûjours juſqu'à la veuë de l'iſle de Flores, où elle varie de pres de trois degrez trente minuttes.

8. Quelques Routiers diſent que ſi on trouve que les 3.. degrez de latitude Nord, l'aimant ſoit fixe, on aura l'iſle de Fayal au Nordeſt, & quelque peu plus à l'Eſt, & que de ce lieu, gouvernant par ce rumb, l'on trouvera toûjours l'aimant fixe juſqu'à cette iſle de Fayal, ce qui ſe trouve faux, parce que l'aiguille Nordeſte de quatre

degrez à la veuë de Fayal, & allant du point où l'on trouve l'aiguille fixe vers cette Iſle, on obſerve que la variation eſt Nordeſt.

9. Cette erreur provient, comme il me ſemble, de ce que quelques Pilotes ont voulu obſerver au Soleil la variation de l'aimant, avec des Bouſſoles qui n'avoient point le bord de leur boëte gradué en 360 degrez, mais ſeulement en quarts, demy quarts & ſeiziémes, & que depuis la Ligne Equinoxiale juſqu'à l'iſle de Flores : & au lieu où l'aimant eſt fixe, il y a fort peu de variation, & principalement lors qu'on avance beaucoup vers Oueſt, & devant que d'arriver au point où l'aimant eſt fixe, on trouve qu'elle varie de deux degrez, ou d'un, ou d'un demy ſeulement, à meſure qu'on approche de ce point : ce qui eſt ſi peu de choſe, & ſe fait en ſi peu d'eſpace, qu'on ne le peut connoiſtre qu'avec des Bouſſoles qui ſoient graduées & diviſées de degré en degré.

10. Les compas dont on ſe ſervoit au temps paſſé, avoient encore un autre deffaut avec celuy de n'eſtre point graduez : c'eſt qu'ils eſtoient fort petits, & ſans pinulles, ny autre choſe par où on peuſt regarder le Soleil lors qu'il ſe levoit ou ſe couchoit, & il eſt bien difficile de connoiſtre à un degré pres en obſervant la variation de l'aimant avec des Bouſſoles où les degrez ne ſont point marqués, & c'eſt ce qui a fait dire à quelques Pilottes qu'ils ont obſervé le Soleil en tels Parages avec ces Boſſoles, & qu'ils ont trouvé l'aimant fixe en la hauteur de 30 degrez, & que de cette hauteur, & de ce point où ils ont trouvé l'aiguille fixe, ils ont continué de l'avoir fixe juſques à l'iſle de Fayal, navigeant au Nordeſt, ce qui eſt faux, comme l'expériance le pourra faire connoiſtre à tout Pilote qui aura la curioſité de la faire, & qui aura la pratique de prendre la variation de la Bouſſole.

11. Eſtant par les 38 degrez de latitude, il ſe faut donner de garde d'une baſſe qui eſt en cette hauteur: elle git Nord & Sud, & eſt fort petite, & aſſez pres d'elle il ſe trouve 12 à 15 braſſes d'eau, fonds de gros ſable : elle a

autour d'elle quelques petits bancs de sable blanc, qu'on prendroit pour des voiles : cette basse est fort dangereuse de nuit : c'est pourquoy lors que vous arriverez en sa hauteur, si vous estes beaucoup à l'Ouest, vous vous en donnerez de garde, ne faisant point voile de nuit jusqu'au matin.

12. Si vous voulez passer par entre les isles des Assores, ou aborder quelque Port, il se faut mettre par les 39 deg. 15 minuttes de latitude : il sera bon d'avoir connoissance de l'isle de Flores ou de Fayal, & lors que vous serez proche de ces Isles, vous trouverez des calmes, & vous verrez des Gayvotoens ou Mauvettes qui ont les pieds rouges, & des Garayos qui ont la teste noire, des Estapagados, & quantité de bouteilles sur l'eau, & quand vous en serez plus pres, vous verrez des Garazines toutes blanches: à la veüe de l'isle de Flores, il y a trois degrez trente minuttes de variation Nordest, & à la veüe de Fayal, il y en a quatre.

13. Et estant en cette hauteur de 39 degrez 15 minuttes, on peut aller vers ces Isles, & passer entre celles de S. Georges & de la Gracieuse, & la seule veüe de ces Isles montre comme il faut gouverner pour les aborder: son port est du costé du Sudest, il faut costoyer l'isle du costé d'Ouest, se donnant de garde de sa pointe, qui est presque Sudest & Nordouest avec l'isle de la Gracieuse : car il y a une pierre platte & basse, environ une demie lieüe en Mer, laquelle on n'apperçoit point, si ce n'est de beau temps : car alors on voit la Mer sans vagues par dessus. Ayant passé cette pointe on découvrira le Morre ou Tertre, nommé de Brezil : alors il se faut approcher de l'isle, car il n'y a rien à craindre, tout y estant bien sain & net, & il y a bon fonds : la Forteresse est sur ce Morre ou Tertre, & l'anchrage est tout devant la Ville. En ce lieu l'aimant varie de quatre degrez au Nordest.

14. Partant de cette Isle au mois de Juin & Juillet pour aller à Lisbonne, il faut courir par les quatre degrez de hauteur, gouvernant le premier jour que vous sortez de

cette Iſle au Nordeſt, pour éviter une baſſe qui eſt à l'Eſt Nordeſt de cette Iſle, & apres qu'on l'a paſſée, il faut gouverner toûjours par la meſme hauteur, & encore que vous trouviez dans cette traverſe des vents de Sud & de Sudoueſt, il ne faut pas laiſſer de continuer voſtre route en la meſme hauteur, car lors que vous ſerez à cent lieües de la coſte, vous trouverez les vents de Nord, & de Nord Nordeſt, qui regnent ordinairement en ce Parage juſqu'à la fin de Septembre, & au commencement d'Octobre.

15. Que ſi vous arrivez à ces Iſles ſur le tard, comme vers le mois de Septembre, il faut cingler par les 38 degrez & demy, ou 39 de latitude : parce qu'à la fin de Septembre les vents de Sud & de Sudoueſt ſont en reigne, & ſi de cette iſle de la Tercere vous ne pouvez paſſer au Nord de l'iſle de S. Michel, il faut regarder la coſte du Sud, & en approcher le plus que vous pourrez pour vous détourner des baſſes qui ſe nomment les Fourmis, qui ſont au Nord de l'iſle de ſainte Marie, & preſque Nord & Sud avec la pointe de l'iſle de S. Michel du coſté de l'Eſt.

16. Si vous allez à la barre de Liſbonne à la fin de Septembre ou plus tard, il faut aller par les 38 degrez 30 min. ou 39 degrez, ſans prendre plus au Nord, les ſignes de cette route ſont ceux-cy. On voit en Mer, quand on eſt pres de la Coriale, comme de la graiſſe ou ſuif, l'aimant varie à la veüé de la Roca ou Citadelle, de 8 degrez Nordeſt, & à la veüe de Dezines en latitude, de 38 degrez, elle varie de ſept degrez trente minuttes, & ſept degrez quarante minuttes.

17. Le Roy de Portugal ayant fait commandement de ne point aller aux iſles des Aſſores à cauſe des Corſaires qui y ſont continuellement, ou autour, il faut gouverner en ſorte qu'on paſſe à quarante lieües à l'Oueſt de l'iſle de Flores, cinglant par la hauteur de 41 à 42 degrez, juſques à ce qu'on juge avoir paſſé ces Iſles, & qu'on en ſoit à quelques cent lieües à l'Eſt, & de ce Parage, vous irez droit vers la barre de Liſbonne, ſelon le vent, & conſidérant ſi la ſaiſon eſt trop avancée, ou non, & quels

vents y regnent, vous y pourrez arriver avec asseu-
rance.

18. Je conseillerois à tous Pilotes, que si-tost que leur
Navire aura passé le Rocca, & sera entré plus avant au dedans, de ne passer point Nostre-Dame Guia, sans prendre un Pilote de Havre, & pour le faire venir de Cascaïs,
où ils se retirent d'ordinaire, il faut tirer par plusieurs fois
quelques volées de canon, & les attendant, mettre de travers, & avant que d'estre à la veüe de terre, il faut tenir
toutes les anchres prestes, & les cables aussi, pour obvier
aux accidents : il vaut mieux entrer par la coste d'Alca-
cere dans cette barre, que par celuy de S. Jean, & y apporter tous les soins necessaires, n'ayant pour toutes voiles, en
approchant de la barre que celuy de Mizaine ou du Bour-
set, & pliant la grande voile devant que de moüiller l'anchre, & dés que des Pilotes seront venus, ne vous meslez
plus de la conduite du Vaisseau, jusques à ce que vous
soyez à l'anchre, devant le Fort & le Magazin des Indes.

***

VOYAGE DE LISBONNE A MALACA

*en la saison d'Octobre, afin d'y arriver en Auril, qui est
le temps auquel les vents d'Ouest regnent en la coste de
l'Inde.*

1. PARTANT en la saison du mois d'Octobre
de Lisbonne pour aller à Malaca, il faut suivre la route qui est marquée dans le Routier,
pour le voyage de Lisbonne au Cap de Bonne
Esperance en la saison de Mars : comme aussi celle du Cap
de Bonne Esperance à Moçambique, & observer tous les
advertissemens qui y sont donnez.

2. Quand on est à la veüe de la Forteresse de Moçambique, ou en sa hauteur, il faut gouverner au Nordest, en
sorte qu'on puisse avoir la veüe de la grande Isle de Commoro, & l'ayant découverte, il s'en faut éloigner d'environ

dix-huit lieües vers le Nord, & de là gouverner au Nordeſt quart Nord, de façon que la route vaille le Nord
Nordeſt, juſques à eſtre par les quatre degrez Sud, ou peu
moins, & que vous ſoyez Sudeſt, & Nordoueſt avec la
pointe de la baſſe de Patrao, & au Nordoueſt d'elle environ trente-cinq lieües : & de ce Parage, il faut gouverner en ſorte que la route vaille Eſt Nordeſt, juſques à ce que vous ſoyez dans le Canal des iſles de Mamale, qui eſt en la hauteur de neuf degrez 45 min.

3. En paſſant par ce Canal des iſles de Mamale; faites
voſtre poſſible pour voir l'iſle de Cubeillo, ou Melique, ou
de Palipene, d'où il faut gouverner de ſorte que la route
vaille le Sudeſt, juſqu'à 4 degrez de latitude Nord, & lors
que vous ſerez en cette hauteur, il ſera bon que vous ſoyez
Nord & Sud avec la pointe de Galle de l'iſle de Ceïlan, &
vers le Sud environ 45 lieües.

4. Pour aller de cette hauteur & Parage au Canal des
iſles de Nicubar, qui ſont par les ſept degrez 30 minuttes
latitude Nord, il faut gouverner en ſorte que voſtre route
vaille l'Eſt quart Nord pendant la moitié de ce chemin :
& dans l'autre moitié qui reſte, il faut que la route vaille
l'Eſt Nordeſt, & de cette façon on aura la veüe de ces
Iſles, & on paſſera par leur Canal, qui eſt à ſept degrez
trente minuttes : & pour connoiſtre ces Iſles & ce Canal, il faut voir ce qui en eſt remarqué dans le 18 article
cy-deſſous.

5. Ayant paſſé les Iſles de Nicubar, il faut cingler vers
Pulobutum ou Pulopera : Nicubar & Pulobutum giſent
Eſt, peu au Sud, & Oueſt un peu au Nord, & de l'un à
l'autre, il y a 90 lieües.

6. Pulobutum eſt par les ſix degrez 45 minuttes de latitude : & voicy comme vous connoiſtrez cette Iſle. Lors
que vous viendrez à la Mer, vous découvrirez vers l'Eſt
une haute terre ronde, qui eſt baſſe pres de la Mer, & il
y a trois Iſles fort petites, qui ſont toutes proches l'une de
l'autre ; & du coſté du Nord il y a huit Iſlettes, & quatres
du coſté du Sud : & dans le Canal qui eſt entre la grande
Iſle,

Isle, & celle qui est vers la Mer : il y a une autre Isle du costé du Sudest, où on trouve de bonne eau, qui est pres d'une pointe basse.

7. Pulopera est une petite Isle ronde, sur laquelle il y a des arbres : elle est par les cinq degrez quarante minuttes de latitude, & gist avec l'isle de Nicubar, Est quart Sudouest,& Ouest quart Nordouest,& il y a cent lieües de l'une à l'autre.

8. De Pulopera à Pulopinao il y a 15 lieües : Pulopinao est par les cinq degrez 15 minuttes de latitude, quelque peu plus, sa longueur est de cinq lieües, & s'estend le long de la coste : elle est haute par le milieu, il y a un Morro ou Tertre rond à sa pointe qui regarde le Nord, & devant le milieu de sa longueur est un Islet : rangeant sa coste, on trouvera qu'elle fait une anse ou baye moyennement grande, qui a son rivage de sable : & au Cap qui ferme cette anse, il y a un Islet, dans lequel on peut faire aiguade, la pointe de cette Isle est raze & platte.

9. Pulopinao git avec Pulosambillao, Nord & Sud : de Pulopinao sort un prazel ou banc, qui continuë jusques à la pointe d'une terre haute qui est tout proche de Bravas; ce prazel s'avance deux lieues en Mer, il y a cinq brasses d'eau à son entrée, mais plus pres de terre il y a plus de fonds qui est de vaze : lors que la pointe de cette haute terre vous demeurera à l'Est quart Notdest, vous verrez Pulosambillao, & allant le long de la terre, vous appercevrez que c'est une Isle : de Pulopinao à Pulosambillao, il y a 22 lieües.

10. A quelques sept lieües de l'isle de Pulosambillao vers la Mer, est l'isle de Jarra, qui est en quatre degrez de latitude, peu moins : elle est petite, ronde, & couverte d'arbres : elle a de l'eau douce du costé de Sudest, mais peu : dans la plus grande des quatres Isles de Pulosambillao, qui sont le plus pres de terre, on y en trouve quantité, & par le milieu de cette Isle du costé du Nord, il y a un Morro ou Tertre de part & d'autre, duquel est une praya ou grave de sable, où il y a de fort bonne eau :

il y en a auſſi dans les trois autres Iſles. On peut paſſer par entre ces Iſles ſans crainte, parce qu'on y trouve 25 & 28 braſſes d'eau.

11. Pour paſſer par le grand Canal, il faut gouverner au Sud quart à l'Eſt, & aller vers les Iſles de Daru qui ſont à la coſte de Sumatra: ce ſont cinq bancs couverts d'arbres.

12. Quand vous ſerez vis-à-vis de ces Iſles, il faut gouverner au Sudeſt quart Eſt, & à l'Eſt Sudeſt, & vous irez par 10 ou 12 braſſes vers Puloparcelar, qui eſt une haute Montagne, qu'on prend de loin pour une Iſle: elle eſt dans une terre fort baſſe & platte, qu'on ne peut voir qu'en eſtant tout proche.

13. Si on veut paſſer par le Canal qui eſt pres de la terre, il faut gouverner de Puloſambillao le long de la coſte, à la diſtance d'une lieuë: & lors que vous ſerez vis-à-vis des Iſlets qui ſont à la coſte, vous verrez Puloparcelar, & il vous faudra éloigner de terre, & gouverner au Sudeſt juſques au Cap Raſchado. or trois lieües avant que d'y arriver, il y a une baſſe à une demie lieuë de terre: c'eſt pourquoy en ce parage, il ne faut point approcher de la coſte plus pres d'une lieuë.

14. Entre Puloparcelar & le Cap Raſchado, la coſte eſt fort baſſe & unie, couverte d'arbres le long de la Mer: elle git Sudeſt, peu plus à l'Eſt, & Nordoueſt, peu plus à l'Oueſt, il y a de l'une à l'autre 12 lieües. Le Cap Raſchado eſt en deux degrez 30 minuttes, peu plus, & de là à Malaca il y a ſept lieües: la coſte court depuis ce Cap juſques à Malacca Eſt Sudeſt: quand vous ſerez à moitié chemin de ce Cap à Malacca, il faudra tirer droit aux Iſles qui ſont demie lieuë au dela de Malacca pres de terre, où eſt l'Iſle de Pedra, qui eſt petite & raze: il s'en faut éloigner de quelque demie lieuë, parce qu'elle a une batture du coſté du Sud. Malacca eſt en deux degrez peu plus de latitude Nord, & l'enchrage où moüillent le Navires eſt devant la Ville, il faut moüiller ſur cinq braſſes & demie de baſſe Mer, de façon que l'iſle de Naos vous

demeure à l'Eſt, la Fortereſſe au Nordeſt, & l'iſle de Pedra à l'Oueſt Nordoueſt.

15. Vous devez ſçavoir que partant de Liſbonne au mois d'Octobre, il faut prendre peine d'arriver dans la fin du mois d'Avril en latitude de quatre degrez au Sud de la pointe de Galle, qui eſt en l'iſle de Seilan : parce que dans le mois de May, les vents de Sud commencent en ce parage, & ils ſont quelquesfois ſi impetueux, qu'on eſt obligé de leur tourner la poupe, & de relaſcher, ainſi qu'il eſt arrivé en pluſieurs embarquemens, où on a eſté contraint de retourner & ſe ſauver à Goa : mais apres que la premiere furie eſt paſſée, le vent s'appaiſe, & devient plus doux & plus propre à faire la route qui eſt icy enſeignée, pour arriver à Malacca en cette ſaiſon.

16. Il faut auſſi eſtre averty que depuis les quatre degrez de latitude, juſques aux iſles de Nicubar, il faut avoir beaucoup d'égard à la variation de l'aimant pour tenir la vraye route, comme auſſi aux courants, qui portent dans les anſes de Bengala dans le temps que regnent les vents d'Oueſt, & avec les vents d'Eſt, ils vont de ces anſes en dehors vers la pleine Mer : de maniere qu'eſtant à 20 ou 30 lieües des Iſles de Nicubar, on trouve de ſi grands courants, qu'on s'imagine eſtre ſur quelque baſſe, c'eſt pourquoy il eſt de neceſſité d'y avoir égard.

17. Si vous vous trouvez par les ſix degrez 30 minuttes de latitude, vous pourrez paſſer par un Canal qui eſt entre ces iſles, il y a une lieuë & demie de large, & 12 ou 13 braſſes d'eau, & il n'y a rien à craindre n'y à ſe garder que de ce qu'on voit, & à la fin de ce Canal, joignant l'iſle qui eſt du coſté du Nord, il y a un Iſlet : & la pointe de l'Iſle la plus au Sud de ce Canal, eſt en ſix degrez 15 minuttes.

18. Pour connoiſtre le Canal des iſles de Nicubar qui eſt par les ſept degrez 30 minuttes : il faut ſçavoir qu'à ſon entrée il y a quatre Iſlets, trois deſquels ſont à demie lieuë de l'Iſle : ceux-là ſont grands & hauts eſlevez, l'autre eſt

petit : à quelques trois lieües de l'ifle il y a un autre grand
Iflet, qui eft rond & fort plat, qui reffemble à Lezira,
& regardant cét iflet vers le Nord, on découvre une autre ifle qui eft par les huit degrez, & à l'entrée de cette
ifle, on voit une Lombade ou terre haute & baffe, &
à l'autre bout, elle eft platte comme une raze Campagne.

19. Quand vous ferez au milieu de ce Canal qui eft
par les fix degrez 30 minuttes, vous verrez une autre ifle
affez proche, comme celle dont j'ay parlé, qui eft en la
hauteur de huit degrez ; elle eft pareillement raze, & des
ifles de Nicubar à celle-là il y a fept lieües ; il n'y a rien
à craindre aux environs de ces ifles, ny rien à éviter que
ce qu'on voit, & à la fin de ce Canal il y a un morro ou
tertre rond, au pied duquel eft un iflet. Il faut prendre
garde de ne point paffer par le Sud des ifles de Nicubar, à
caufe de celles d'Achen, & il faut faire tous ces efforts de
paffer par les Canaux dont j'ay parlé, encore qu'on puiffe
auffi paffer par les huit degrez 30 minuttes.

VOYAGE DE LISBONNE A MALACCA
en la faifon de Feurier & de Mars.

1. SI vous partez de Lifbonne pour aller à Malacca à la fin de Fevrier ou au commancement
de Mars, il faut fuivre le Routier qui eft pour
le mois d'Octobre jufques à eftre Nord & Sud
avec la pointe de Galle, d'où il faut gouverner comme
pour aller par le Canal des ifles de Nicubar, qui eft par
les fept degrez 30 minuttes, & ne prendre point plus au
Sud, & fi-toft que vous aurez paffé ce Canal, il faut faire
vôtre poffible pour gagner la cofte de Malaca le pûtoft que
vous pourrez, ne vous fiant point à quelque bon vent que
vous puiffiez avoir ; parce que vous ne manquerez jamais
d'avoir des vents d'Eft dans la faifon où vous ferez : mais

fi vous eftes à la cofte, vous pouvez aller à Malacca avec ce mefme vent, vous donnant toûjours de garde de la cofte de Sumatra, ce qui fe doit entendre aux monfons de Decembre.

2. Quand vous ferez arrivé à la cofte, vous ne trouverez point de fonds, fi ce n'eft quand vous ferez à Pulobuton, & dans le refte du chemin, ou que vous ne foyez fort proche de terre; A une lieuë ou deux de Pulobuton vers la Mer, on trouve fonds à 60 braffes jufqu'à 40, & delà en avant il faut gouverner de forte que vous ayez toûjours fonds, afin que fi le vent devient contraire, vous puiffiez moüiller par tout, & vous ne manquerez pas de trouver des vents de terre & des brifes, par le moyen defquels vous irez à Malacca.

3. Si-toft que vous découvrirez les iflets de Darum, il vous en faut approcher jufqu'à ce que vous foyez à une lieuë & demie ou environ du plus grand vers la Mer, & que vous l'ayez au Sudoueft, & alors vous gouvernerez au Sudeft quart à l'Eft, jufqu'à ce que vous ayez 14 ou 15 braffes, & quand vous ferez en cette profondeur, il faut faire route à l'Eft Sudeft vers Puloparcelar, & prendre toûjours garde fi la Mer monte ou fe retire, & faire vôtre route fuivant la marée, faifant en forte que vous n'approchiez pas plus d'un cofté que de l'autre, & ayant toûjours le plomb en main, faifant voftre poffible d'aller continuellement par fonds de vaze ou de menu fable noir, & fi vous trouvez le fonds de fable blanc & tres-menu, il n'y a point encore de danger, & vous y pouvez aller, parce qu'il s'en trouve bien fouvent de cette forte dans ce Canal, & incontinent apres, vous retrouverez du fable noir, & de la vaze : & quand vous fuivrez ce fonds, vous aurez 14 15 16 ou 17 braffes d'eau, & jufques à 20 : mais le meilleur eft d'eftre par 14 ou 15 braffes. Vous pouvez fuivre voftre route tant que vous ne trouverez point de gros fable & de coquillage, où vous n'aurez que huit braffes & moins : car alors vous pafferiez fur un banc où la profondeur eft inégale, on y trouve 8, 9, & jufques à 10 braffes

M iij

& vous n'aurez pas si-tost jetté la sonde trois ou quatre fois, que vous ne le reconnoissiez, & tout à l'heure, vous rentrerez dans le fonds de vaze, ou du sable blanc ou noir, il n'importe lequel des deux, pourveu qu'il soit menu, & il n'y a point de risque: mais lors que vous trouverez fonds de coquillage ou de gros sable, donnez-vous de garde.

4. Quand vous appercevrez Puloparcelar, & qu'il vous demeurera à l'Est, ou à l'Est quart Nordest, vous avez fait bonné route: alors il faut faire vostre possible pour vous en approcher, & en estant à une lieué & demie vers la Mer, & vers le Rumb que j'ay dit, vous estes comme il faut.

5. De Puloparcelar à Malacca, il faut gouverner de sorte que vous n'approchiez point de la coste de plus d'une lieuë ou deux, de façon que vous ne soyez point si pres de terre que vous ayez moins de 16 brasses de fonds, & que vous n'alliez point tant vers la Mer que vous ayez plus de 25 brasses : il est bon d'aller depuis les 18 jusques à 25 brasses, & parce qu'en allant de Puloparcelar au Cap Raschado, il y a une basse fort dangereuse à six ou sept lieuës vers le Sud, il y faut bien prendre garde, & avant que d'arriver au Cap Raschado, en estant à demie lieuë ou environ, on trouve une longue chaîne de Rochers qui s'étend en Mer une grande demie lieuë, il s'en faudra détourner, car en cét endroit le Navire de Dom Georges toucha, & il luy fallut couper ses masts pour en sortir.

6. Il faut passer du Cap de Raschado environ une lieuë & demie en Mer en allant à Malacca, & suivre le fonds qui est cy-devant dit. Or vous devez sçavoir qu'entre ce fonds & Malacca à quelques quatre lieuës, il y a deux pierres qui s'avancent une lieuë en Mer, qu'on appelle *Tanque del Rey*, ou *l'Estang du Roy*: il faut faire la route en telle sorte qu'on évite toutes ces mauvaises rencontres, estant soigneux de jetter souvent la sonde. Il faut sçavoir aussi qu'il y a des grands courants, mais vous reconnoistrez

aſſez par la ſonde ce que vous aurez à faire , & ſi le Pi'ote ne ſçavoit pas bien le chemin pour aller à Malacca, je ſerois d'avis qu'il ne navigeaſt point de nuit par ce Parage, & en cas qu'il le veüille faire, il doit ſonder continuellement pour demeurer ſur le meſme fonds que nous avons dit, ayant toûjours les anchres preſts pour moüiller s'il en eſtoit beſoin, & le bout du cable amaré au pied du grand maſt : & je donne cét avis, parce que pluſieurs Navires ont perdu leurs anchres & leurs cables en ce parage, à cauſe des grands courants , faute de les avoir bien amarez au maſt : & en paſſant par les baſſes, il faut toûjours tenir ſur 15 , juſques à 18 braſſes.

VOYAGE DE MALACCA A LISBONNE.

1. IL faut partir de Malacca au mois de Decembre dans le temps des vents d'Eſt, & voguer le long de la coſte, s'en tenant éloigné d'environ une lieuë & demie, & ayant toûjours la veuë des pieds des Palmiers juſques à Puloparcelar, & par toute cette route vous trouverez fonds de 16, 17, 20 & 25 braſſes, & quelquesfois de 14. Il ne faut pas aller ny plus vers la Mer, ny plus pres de terre, mais ſuivre ce fonds. A quelques trois lieuës de Malacca il y a deux ou trois roches plattes, qui s'avancent une bonne lieuë en mer, tout devant le *Tanque del Rey*, ou *l'Eſtang du Roy*, & eſtant à l'anſe du Cap Raſchado, on s'éloigne en mer d'environ une lieuë & demie, & on ne paſſe point plus du coſté de Sudeſt que de celuy du Nordeſt, & c'eſt là le principal Canal pour aller à Puloparcelar.

2. Quand vous ſerez vis-à-vis de Puloparcelar , & que vous voudrez paſſer les baſſes, il faut que vous vous en teniez éloigné de deux ou trois lieuës , parce qu'aupres il y a un banc de ſable, qui avance en mer environ demi lieuë, & paſſant ainſi à deux ou trois lieues de ces baſſes pour les

traverfer, il faut que vous ayez Puloparcelar vers Eft s'il
eft haute mer, & à l'Eft Nordeft de baffe marée : c'eft pourquoy vous devez bien prendre garde à la marée, & en tenir compte pour voftre route, & ne vous y pas tromper.
Voftre cours doit eftre Nordoueft en ce parage, & vous
devez vous gouverner fuivant la marée, autant d'un cofté
que de l'autre, & toûjours avec grand foin, & en cas que
vous voyez Puloparcelar, il fera bon qu'il vous demeure à
l'Eft quart Sudeft, & quand vous ferez au milieu du Canal
des iflets de Daru, fi Puloparcelar vous demeure d'un demy
rumb plus à l'Eft que l'Eft quart Sudeft, vous eftes en bonne
route.

3. Arrivant à Puloparcelar, il eft bon que vous en foyez
à deux lieuës Eft Nordeft & Oueft Sudoueft, & quand vous
ferez proche des iflets de Daru, il vaut mieux qu'il vous
demeure à l'Eft quart Sudeft : fçavoir quand vous ferez à la
veuë de ces iflets, & il faut continuer voftre route le long
du grand iflet de Daru, vous en tenant éloigné d'une lieuë
ou deux, tout eft fort net & bien profond le long de ces
iflets.

4. Il faut aller par ce Canal fur 13, 14, 15 & 16 braffes,
que fi vous en trouvez quelquesfois 10 ou 12, cela ne durera que le temps de jetter la fonde deux ou trois fois, & fi
le fonds eft de menu fable noir, ou de vaze, vous faites
bonne route, & vous retrouverez incontinent apres 12, 13
& 14 braffes, & tant que vous irez comme cela, vous irez
bien, encore que vous trouviez quelquesfois du fable blanc
& menu : mais fi vous veniez à trouver du gros fable & du
coquillage, vous ne feriez plus dans le Canal, & il faudra
retourner en tâtant de tous coftés avec la fonde.

5. Vous devés fçavoir que traverfant de Puloparcelar
vers les iflets de Daru, il faut que Puloparcelar vous demeure à l'Eft jufques à moitié chemin, & delà continuant
vers les iflets : il vous doit demeurer à l'Eft quart Sudeft, & à
l'Eft Sudeft, quand vous feres pres de ces iflets. Obfervant
cela, vous irés par la vraye route, & vous vous guaranti-
rés des baffes.

6. Si

6. Si vous paſſez ces baſſes de nuit, il faut avoir bien re-marqué de jour la balize qui eſt deſſus, & ſelon le vent que vous aurez, prendre garde à la marée de peur qu'elle ne vous trompe, & qu'elle ne vous jette de coſté ou d'autre, vous tirant du Canal, parce que la marée y court avec grande vî-teſſe, tant lors qu'elle vient que lors qu'elle s'en retourne, & faites voile ſelon le vent, & jettez continuellement la ſonde pour vous aſſeurer du fond.

7. Lors que l'iſle d'Aru vous demeurera au Sudoueſt environ deux lieuës, il faut tirer vers Puloſambillao, & gouverner de telle façon que vous ne vous en éloigniez pas, & que vous ne vous approchiez pas de la coſte de Sumatra : car au contraire, vous vous en devez tenir pres ; il n'y a rien à craindre, & il faut gouverner ainſi à cauſe des vents de terre. Pres des iſlets d'Aru, le fonds eſt de 40 juſqu'à 50 braſſes, & paſſant d'Aru à Puloſambillao, on trouve 27 braſſes juſqu'à 40.

8. Des iſlets de Puloſambillao à Pulopinao, il faut gou-verner le long de la terre, ſans s'en éloigner, prenant gar-de pourtant de ne pas donner deſſus, comme auſſi à un banc qui eſt vis-à-vis de Bravas, entre Pulopinao & Pu-loſambillao. Il faut aller la ſonde à la main par tout ce parage, & en ſorte que vous ne vous avanciez pas tant en mer, que vous ayez plus de 30 braſſes de fonds : par-ce qu'on trouve par fois les vents generaux de Nordeſt, & de Nord Nordeſt qui viennent de terre, & ſont tan-toſt plus favorables, & d'autresfois quelque peu contrai-res, & ſe tenant pres de la terre ferme, on continuera ſon voyage ſans courir riſque de la coſte de Sumatra, & vous ferez voſtre route le long de la terre juſques aupres de Puloſambillao.

9. Lors que vous ferez vis-à-vis de Pulopinao ou au-pres, ſi vous trouvez les vents qui regnent d'ordinaire en cette ſaiſon, vous aurez beaucoup de peine à doubler ou paſſer au deſſous du vent de Pulopera, & il faut tâcher de le faire, parce que c'eſt la meilleure route que vous puiſſiez tenir : mais ſi le vent eſtoit tel que vous puiſſiez

N

paſſer à la veuë de Pulobuton : ce ſeroit encore mieux, parce que de là vous pourriez aller droit au Canal qui eſt par les ſept degrez & demy, en l’iſle de Nicubar : mais ſi vous trouvez le vent de monſon dont j’ay parlé, encore que voüs ſoyez bien en arriere, il ne faut point perdre de temps, parce que dans le commancement on a les vents échars, c’eſt à dire, un peu contraires : mais apres ils viennent plus favorables à meſure qu’on s’éloigne de la terre, & delà vous irez au Canal qui eſt par les ſept degrez & demy.

10. Quand on va par les iſles de Nicubar pour paſſer par leur Canal : il faut faire ſa route de l’Oueſt par la hauteur de ſept degrez 30 minuttes, & non pas plus au Sud ; & ces iſles eſtans paſſées, il faut faire en ſorte que voſtre route vaille le Sudoueſt juſques par les quatorze degrez du coſté du Sud, ou peu moins : Or, quand vous ſerez hors des iſles de Nicubar, vous trouverrez les vents de Nord & de Nordeſt, & les eaux courent avec ces vents vers le Sud, & s’il fait grand vent, c’eſt avec grande impetuoſité, mais elles vont plus lentement quand il eſt foible.

11. De cette hauteur de quatorze degrez Sud, il faut gouverner au Sudoueſt, afin que voſtre route vaille Oueſt Sudoueſt : parce que les eaux en cette hauteur, courent vers l’Oueſt Nordoueſt, & que l’aimant Nordoueſte un quart & demy & plus, à quoy il faut avoir égard, obſervant ſoigneuſement la variation & les courants, & il faut prendre telle route, qu’elle vaille toûjours l’Oueſt Sudoueſt, juſques à la veue de Diego Rois, ou à ſa hauteur, & puis pourſuivre le voyage ainſi que l’enſeigne le Routier qui conduit de Cochin au Cap de Bonne Eſperance par le dehors de l’iſle de S. Laurans, obſervant tous les avertiſſemens qui y ſont contenus.

VOYAGE DE MALACA A MACAO, en la Chine.

PARTANT de Malaca vers le détroit de Sincapura, & vers la Chine, vous prendrez voftre cours vers l’ifle appellée Ilha, grande, diftante de trois lieuës du havre de Malaca, paffant en dehors des petites Ifles pour aller plus feurement. De cette ifle jufques à la riviere de Muar il y a trois lieües : pour la reconnoiftre vous voyez une co’line pleine d’arbres au cofté du Sudeft, fans découvrir là autour aucune terre élevée. De la riviere de Muar jufques à une autre riviere nommée Rio Formofo, qui eft là, diftante de dix lieües : le cours eft le long de la cofte, Nordoueft & Sudeft, & Oueft Nordoueft, & Eft Sudeft. Cette riviere eft belle & grande, ayant à fon emboucheure, & plus haut, fept braffes de profondeur. On y entre le long du pied d’une haute montagne au Sudeft, elle git au Sud de Malaca : elle a quelques bancs qui s’étendent depuis la pointe qui eft au Nordeft, qui eft une terre baffe & plate, une demie lieüe en mer.

Depuis ladite Riviere jufqu’à l’ifle de Pulo Picon devers la mer du cofté du Sudeft, fe voit une grande & haute ifle avec plufieurs petites ifles autour, nommée Pulo Garimon. Le long de ladite ifle du cofté du Oueft, on va jufques au détroit de Sabon, qui eft le chemin vers la Sunde & l’ifle de Java. De l’ifle dite Pulo Picon jufques à la pointe de Taniamburo qui font trois lieües, le cours le long de la cofte eft à l’Eft, à une lieüe de cette pointe il y a une riviere, & à une petite lieüe plus avant, encore une autre riviere avec une autre grande emboucheure, en laquelle git une petite ifle nommée Sincapura, dont le fonds eft bon & net : cette riviere fe décharge au havre de Jantana, là où Antonio de Meno fe jetta une fois par mégarde avec un Vaisseau de huit cens Caisses, chaque Caisse est de trois Quintaux & demy, poids de Portugal. Depuis ladite rïviere, le pays s'avance en pointe vers le Sud, & là commence l'entrée du premier détroit par lequel vous devez passer. Du costé de ce Golfe, la terre est plus haute du costé du Sud, qui est bas & inégal, ayant une colline pleine d'arbres qui paroist pardessus ce qui est autour. Icy est le bout dudit pays, car du costé d Est vous trouverez des isles & écueils qui s'étendent premierement vers le Sud, puis vers l'Est en forme de Golfe. De la susdite pointe de Taniamburo jusques à l'entrée de ce détroit : le cours est Est & Ouest l'espace de six lieües, la profondeur est de sept ou huit brasses.

Celuy qui veut faire voile vers la Chine par Sincapura venant pres de Pulo Picon au commencement de Juillet, se doit approcher du costé de l'isle de Carimon, parce que les vents du monson de Java qui sont en ce temps, soufflent toûjours du costé de Sumatra, pareillement quand on tient le costé de Carimon ; passant par de-là, on vient incontinent à l'entrée du détroit. En ce chemin se trouvent diverses profondeurs, & quand vous venez du costé de Taniamburo, le pays qui est à l'entrée du détroit a l'apparance d'un tronc, qui est un signe assuré de ladite entrée. Icy vous tiendrez vostre cours en louviant, pour entrer plus aisement.

Ce premier détroit a à l'entrée deux basses, à sçavoir une de chaque costé qui viennent de la pointe du pays. Du costé du Sud, là où est le commencement de l'entrée, se voit une rangée d'isles qui s'étendent à l'Est, lesquelles font le détroit. Pour y entrer il faut toûjours tenir le costé du Sud plus que l'autre costé. Vous trouverez à la premiere entrée, 12, 10, & 9 brasses de profondeur, & quand vous ferez plus avant dedans le pays, du costé du Sud, vous verrez devant vous de l'autre costé, une pointe ayant une petite colline rouge : alors vous détournerez peu à peu derriere le costé droit de ladite colline, jusqu'à ce que vous ayez passé la premiere isle, entre laquelle &

la fuivante il y a une baſſe, & s'étend juſques au milieu
du Canal. Il faut pourtant avoir toûjours la ſonde à la
main pour ſçavoir où vous eſtes. Venant pres de ladite
pointe, prenez garde de détourner encore vers le pays du
coſté droit, car il n'y a que ladite baſſe entre leſdites iſles,
& ainſi vous tiendrez voſtre cours vers l'Eſt environ demie
lieuë ſur ladite profondeur de huit & neuf braſſes ; de là
cette rangée d'iſles le long de laquelle vous ferez voile,
s'étend au Sudeſt, & incontinent un peu plus outre, à la
droite deſdites iſles, vous découvrirez uue iſle ronde au
long de laquelle vous avancerez voſtre chemin, la laiſſant
à main droite, là vous trouverez toûjours huit & dix
braſſes de profondeur, fonds bourbeux. Du coſté gauche, à ſçavoir au Nord, le pays eſt plein de Golfes, entre leſquels il y en a un grand qui tourne vers le Sud,
duquel coſté il y a une autre iſle ronde qui eſt au meſme
coſté. Vous vous garderez du coſté Septentrionnal, car
il eſt plein de baſſes, tenant voſtre cours vers le coſté à
main droite. Venant pres de ladite petite iſle ronde à
main droite, vous verrez droit devant vous, à ſçavoir au
bout de cette rangée d'iſles, laquelle vous coſtoyez, une
autre petite iſle baſſe, avec quelque peu d'arbres, dont
le rivage eſt de ſable blanc, laquelle regarde le détroit
de Sincapura Eſt & Oueſt : Vous irez droit à cette iſle,
& quand vous commencerez de l'approcher, vous commencerez auſſi à découvrir le ſuſdit détroit, vers lequel
vous tiendrez voſtre cors, en tournant quelque peu pour
éviter les baſſes qui ſont du coſté du Nord, & auſſi pour
ne tomber du coſté Meridional de l'entrée dudit détroit,
y eſtant porté par la marée. Du coſté du Nord on y voit
un rivage ſablonneux, long de la portée d'un coup de canon, ayant au bout la façon d'une baye, là où on recouvre de l'eau fraiſche, & auſſi long que s'étend ce rivage,
vous y trouvez un beau fonds, & propre à anchrer dans
le beſoin. Approchant de ce rivage, vous rencontrerez
des courants d'eau qui pouſſent le long du pays, vers
l'embouchcure du détroit, leſquels vous évitez vous te-

N iij

nant loin du pays. Vous prendrez garde auſſi de ne paſſer du bout de ce détroit vers le Nord, à cauſe des baſſes
& bancs qui s'y trouvent.

L'entrée de ce détroit eſt de largeur d'un jet de pierre
entre deux hautes montagnes, & s'étend vers l'Eſt de la
portée du canon : La moindre profondeur de ce détroit eſt
de 4 braſſes & demie ; A l'entrée, au pied de la montagne qui eſt du coſté du Nord, il y a un écueil, ayant
l'apparance d'un pillier, communement appellé *Varella del
China* ; Quelque peu plus avant dans ce détroit du coſté
Meridional, ſe voit un autre Golfe au milieu, où il y a
un autre écueil ſous l'eau, & un banc qui s'étend depuis
ledit écueil juſques au milieu du Canal ; Quelque peu plus
outre du meſme coſté, la longueur d'un coup de mouſquet, il y a une ouverture qui traverſe juſques à la mer
de l'autre coſté faiſant une iſle : laquelle ouverture n'ayant
gueres de profondeur, il n'y a que les petites Fuſtes qui
y peuvent paſſer ; A demy chemin de ce Golfe, là où eſt
cette ouverture, il y a un écueil ou rocher, a deux braſſes
ſous l'eau, lequel écueil s'étend auſſi avant hors du Golfe que la pointe de terre & quelque peu d'avantage juſques au milieu du Canal ; Eſtant devant ce Golfe, vous
voyez une colline droite, qui fait une pointe de terre,
là où eſt la fin du détroit. Ayant doublé cette pointe,
on découvre une colline rouge, pres de laquelle le fonds
eſt bon & net, depuis laquelle, le pays s'étend au Sudeſt.

Du coſté du Nord de ce détroit, à ſçavoir depuis le commencement juſques à la fin, il y a trois golfes, dont les deux
premiers ſont petits, le troiſiéme eſt grand, qui eſt vis-à-vis
de la pointe de la colline rouge, là où eſt la fin du détroit.
Ce troiſiéme golfe a vn banc de pierre qui ſe découvre à baſſe marée, & s'eſtend d'vne pointe à l'autre duquel il ſe faut garder. Tout ce qui eſt du coſté du Nord &
hors du golfe. Le canal eſt par tout beau & net, depuis vne
pointe juſques à l'autre.

Au ſortir du canal ſe trouvent deux baſſes, dont l'vne eſt

vis-à-vis de l’iſſuë dudit canal à la portée d’vn trait d’arc, s’eſtendant du Nord au Sud, l’autre eſt au coſté Meridional de ladite iſſuë à la portée d’vn canon mediocre, s’eſtendant vers l’Eſt, de ſorte que l’vn traverſant l’autre, font vne crorx & ſe peuvent tous deux voir à baſſe marée : le canal qui eſt entre deux à peine à quatre braſſes de profondeur fond bourbeux & hors du canal, ſabloneux, qui eſt cauſe que pluſieurs Navires par là ſe trouvent ſouvent en danger de naufrage. Ayant donc à paſſer par là, au ſortir du canal vous prendrez garde de ne point aller droit à l’Eſt, & ſi vous deſirez ancrer, prenez voſtre cours du coſté du Sud, car ſi vous arreſtez au courant du détroit, il vous pourra arriver de perdre quelques vnes de vos ancres par l’agitation du Navire.

Eſtant hors du détroit vous détournerez à droite, prenant voſtre cours le long du pays ſans vous en approcher moins que la profondeur de quatre braſſes, & quand vous aurez paſſé le premier rivage, enſemble vne colline, & vn écueil au bout d’iceluy & vne baye qui eſt vis-à-vis de ladite colline venant à demy chemin d’vne autre colline, qui eſt au bout de ladite baye, derriere laquelle vient à répondre l’ouverture ſus-mentionnée, qui eſt au dedans du détroit : vous prendrez voſtre cours vers l’Eſt ſans détourner d’vn coſté ny d’autre. Au deſſous de quatre braſſes, de peur de tomber en des bancs & ſables : le fond du canal eſt bourbeux, vous aurez touſiours la ſonde à la main, juſques à ce que vous ayez trouvé davantage de profondeur, ce que vous trouverez bien-toſt. Pour le plus ſeur vous ferez bien de vous ſervir d’vn eſquif pour reconnoiſtre le canal, venant à la profondeur de douze à quinze braſſes, gardez vous du coſté du Sud, juſques à ce que vous ſoyez parvenu vne lieuë par dela le détroit vers l’Eſt, car de quinze braſſes vous viendrez à dix, & delà vous vous trouverez ſur quelque banc, comme il ſe rencontre divers bancs & baſſes de ſable en cét endroit là.

Ce détroit à ſix petites Iſles deça & delà la terre de Jantana, qui eſt au coſté du Nord, le long de laquelle terre le cours est Est & Ouest, elles en sont distantes environ huict lieuës. Vous vous garderez de passer entre deux, la mer de la autour à sçavoir à vne demy lieuë du costé du Sud est entierement nette & belle, ayant fonds sablonneux de quinze brasses. A demy chemin du détroit & desdites isles, est la riviere de Jantana, qui a nne grande emboucheure: l'entrée de laquelle git le long du pays du costé de l'Est, là où souvent de grands Vaisseaux sont entrez du costé du Ouest, & s'y voit une colline de terre rouge; Tout outre l'emboucheure de la riviere, git un banc de sable, qui s'étend une lieuë & demie en mer, lequel a esté touché de plusieurs Navires, & il s'en faut donner de garde. Du bout desdites isles s'estend une basse deux lieuës en mer, & Nordest, sur laquelle on n'apperçoit point l'eau se rompre quand il fait un peu doux : on y voit seulement un peu d'écume au dessus, mais en temps rude la rupture des vagues y est grande. Entre cette basse & lesdites isles, il y a un grand Canal, dont le fonds y est entierement pierreux; la plus grande profondeur qui s'y remarque, est de cinq brasses & demie; de là, on vient à sept brasses & demie, & de rechef, à six & huit & demie : la largeur de ce Canal, est de la portée d'un bon coup de canon. Si on veut passer ce Canal, il se faut destourner de demie lieuë desdites isles sans en approcher de plus pres, de peur de venir sur des bancs, comme il arriva à Francisco d'Aginer qui donna sur le fonds, & fut en danger de perdre son Navire. A deux lieuës desdites isles au Sud Sudest, se voit une autre petite isle qui est un écueil ou rocher de pierre blanche, nommé *Pedra Branqua*, pres duquel se voyent encore quelques autres rochers & escueils du costé du Sud, duquel costé git pareillement l'isle de Binton. qui est fort longue, ayant au milieu une haute colline, le long de laquelle isle il y a grande profondeur : mais il n'y fait pas bon anchrer pour ceux qui viennent de la Chine. Autour de Pedra Branqua & tout joignant, le fonds est de six brasses, fonds net; il se faut garder des escueils & rochers qui sont pres de là.

Si-tost

Si-toſt que vous aurez paſſé la riviere de Jantana, vous prendrez voſtre cours vers la ſuſdite iſle de Pedra Branqua, vous gardant dès iſles ſus-mentionnées, pour deux raiſons: premierement, d'autant que les vents au temps que l'on va à la Chine, ſoufflent toûjours du coſté du Sud, & du Su-deſt, & ſi le vent ſe renforce eſtant du coſté deſdites iſles, vous ne ſçauriez approcher des baſſes, au moyen de-quoy vous feriez obligez de prendre voſtre cours par le Canal, entre Pedra Branqua & leſdites iſles, ou bien vous conſommeriez tant de temps à chercher & à attandre, que vous viendriez à perdre le monſon, à ſçavoir le temps de faire voyage en la Chine : Secondement, d'autant que venant à vous trouver là avec un vent & une marée lâ-che, le courant de l'eau vous emporteroit ſur des baſſes ſans que vous y priſſiez garde, comme il arriva à un Na-vire de Don Diego de Meneſſes, qui avoit Gonçalve-Vyera pour Pilote, qui ayant eſté porté ſur dix braſſes, & ayant là anchré, peu apres vint ſur ſept braſſes, là où il fut trois jours tournoyant de là, afin de ſe mettre de re-chef à l'anchre.

De Pedra Branqua à l'iſle nommée *Pulo Tinge*, le cours eſt Nord & Sud, Nordeſt, & Sudoueſt l'eſpace de trente lieuës. Cette iſle eſt haute & de forme ronde, ayant au milieu une haute montagne aiguë, pleine d'arbres : elle git pres de la coſte ferme, entre icelle & ladite coſte la navigation eſt bonne, mais elle n'eſt pas commode : elle eſt diſtante de Pulo Timon de ſept lieuës Nordeſt & Su-doueſt. Vous laiſſez à coſté de ladite iſle quatre ou cinq autres petites iſles qui n'en ſont gueres éloignées, leſquel-les vous n'avez pas ſi-toſt paſſez, que vous venez à dé-couvrir Pulo Timon, qui eſt une grande & haute iſle, ayant de grands arbres propres à faire maſts & anchres, tels qu'ils ſont en uſage en ces quartiers là ; la plûpart du temps elle eſt couverte de bruines & de broüillards: elle a tout au tour fonds vaſeux ſans aucuns bancs : on y trouve de fort bonne eau fraiſche en deux endroits, à ſçavoir à coſté du pays, au milieu d'uu rivage quelque

peu avant dans le pays, là où il y a bonne tenuë pour les
Navires : mais quand on y vient toſt, à ſçavoir en Juin,
& au commencement de Juillet, il n’y fait pas bon anchrer à cauſe des vents d’Oueſt qui ſont fort violens en
ce temps-là. Pourtant le plus ſeur, à mon avis, ſera d’aller vers l’autre endroit, où ſe trouue auſſi de l’eau fraîche,
à ſçauoir du coſté de l’Eſt vers la mer, prenant voſtre
cours droit à la veuë d’une iſle qui eſt le long de la coſte
dudit coſté : & ayant paſſé une colline qui fait un coin,
vous trouverez une baye de ſable, où vous pouvez prendre voſtre cours vers le pays, & quand ledit coin ou pointe vous demeure au Sudeſt, vous anchrerez : Vous y trouverez fonds vaſeux de 20 braſſes; Au meſme endroit il y
a grande peſche de bon poiſſon, & dans ladite baye eſt
l’endroit où ſe trouve de l’eau fraiſche qui prend ſon cours
vers la mer. Il s’y trouve auſſi de bon bois, & aiſé à avoir,
& un lieu propre à tenir les Navires à l’abry du vent de
Oueſt. A coſté du pays ſe voyent quelques petites iſles,
& à la portée d’un canon de la pointe Septentrionalle de ladite iſle de Timon, git une autre iſle, comme auſſi pareillement une autre petite iſle. Il y a auſſi trois autres
iſles environ quatre lieües de là au Sudeſt, appellées *Pulo
Laor*, dont l’une eſt grande, haute & ronde, les deux autres moindres. L’iſle de Timon eſt ſous la hauteur de
deux degrez & deux tiers par deçà la ligne, & à douze
lieües de là au Nordoueſt, la riviere Pan ſe décharge en
mer, vis-à-vis de laquelle on voit un arbre rond. A demie lieüe de là on trouve ſix braſſes fonds pur.

De Pulo Timao juſques à Pulo Condor, le cours eſt
Nord, Nordeſt & Sudoueſt cent quinze lieües. L’iſle de
Candor git à la hauteur de deux degrez & deux tiers, &
eſt grande ayant des hautes montagnes. Tout joignant
cette iſle, ſe voyent 5 ou 6 autres petites iſles & écueils.
Au Nordeſt ſe voit un écueil ayant la forme d’un Navire
faiſant voile : tout au tour le fonds eſt net de 10 ou 12
braſſes. Il s’y trouve un endroit du coſté du Nordoueſt
où il y a de l’eau fraiſche. Entre cette iſle eſt la riviere de

Camboya, appellée *le Havre des Malayes*, l'efpace eft de douze lieües Eft & Oueft. On peut difficilement de là avoir de l'eau fraifche, car quand il eft tard en faifon, les vents y font forts avec tonnerres, qui fouflent Nord & Nordoueft, qui empefchent l'ufage des voiles, & d'autre part, il ne fait pas feur de voguer fans voiles, crainte de heurter le fonds, non fans danger : & quand la faifon n'eft guere avancée, on y eft fujet aux vents d'Eft.

De Pulo Timao jufques à Pulo Condor, on trouve toûjours le fonds de 35 à 38 braffes. Or, pour aller à Pulo Condor, vous tiendrez toûjours voftre cours Nord Nordeft, fans compter aucune variation, car en ce faifant vous vous trouveriez portez outre devers la mer, du cofté du Sud, fans vous en appercevoir, comme il eft arrivé à plufieurs Navires, qui eft une mauvaife navigation à caufe des vents violents qui fouflent en ce temps-là vers la terre. Devant que de découvrir l'ifle de Condor, fi vous voyez l'eau trouble jettant la fonde, vous trouverez dix-huit & dix-neuf braffes, fonds de menu baze. Venant à dix-fept braffes, vous tiendrez voftre cours au Nordeft. Venant à feize braffes devant que voir l'ifle : prenez voftre cours Eft Nordeft, toûjours fur la mefme profondeur de feize braffes, & ainfi vous arriverez au cofté Meridional de l'ifle. Tenant cette route, gardez-vous de deux petites ifles, diftantes de fept lieües de ladite ifle de Condor du cofté d'Oueft, feparées une lieüe ou environ les unes des autres. au milieu defquelles vous n'avez point affaire de paffer, attendu qu'en dehors & tout joignant icelles, le fonds eft pur & fablonneux. Icy il y a forte marée Nordeft & Sudoueft.

De cette ifle jufqu'à Pulo Cecir, le cours eft Nordeft & Sudoueft, & Nordeft quart à l'Eft, & Sudoueft quart à l'Oueft : en diftance de 50 lieües. Cette ifle eft baffe & longue, s'eftendant du Nord au Sud, à une demie lieüe d'icelle. A la pointe du Nord il y a une petite ifle de pierre rouge, & il y a bon paffage entre deux. Elle eft diftante dix lieües de la cofte de Camboya ou Champa.

Celuy qui tient fa route avant en mer, fe détournant de ladite ifle de Condor fans la voir, à fçavoir à la hauteur de huit degrez, on trouvera 25 & 26 braffes de profondeur, avec fonds de bourbe noire, & beaucoup d'écume de mer flottant fur l'eau, & à douze lieües de là, à la hauteur de huit degrez & demy, fe voyent quelques ferpens marins nageans fur l'eau, en fonds de 28 à 30 braffes. A onze lieües de là plus loin, fe trouve dans l'eau beaucoup d'herbes, appellées Sargaffo fur la mefme profondeur, & dure cette mefme profondeur jufqu'à la hauteur de neuf degrez & demy, & jufques icy vous continuërez voftre cours Nordeft, car on ne peut aller plus haut à caufe de la violence des vents d'Oueft: de là, voftre cours eft au Sudeft jufques à Pulo Cam, parce qu'il n'y à pas d'efperance de pouvoir aborder la cofte de Champa. Venant à deux lieües pres de deux petites ifles diftantes dix lieües de Pulo Cecir du cofté du Sud, vous trouverez de l'eau qui fent le fonds, & approchant de l'ifle, vous perdrez le fonds: ces deux fufdites ifles font appellées par les Chinois *Tom-fitom*, & font feparées l'efpace de trois lieües & demy l'une de l'autre. Vous tenez voftre cours le long d'icelles, Eft Sudeft, & Oueft Nordoueft. Celle qui eft du cofté de l'Eft eft haute & ronde: la plus haute cime paroift de la façon d'un bonnet de Mandorin, qui eft le nom des nobles de la Chine. A demie lieuë de là, gît un écueil femblable à une petite ifle, ayant du cofté d'Oueft divers autres écueils de pierre rouge, & encore une autre petite ifle du cofté du Nord, autour defquelles petites ifles & écueils ne fe trouve nul fonds. De ces petites ifles vous prendrez voftre cours vers le Nord pour aller reconnoiftre Pulo Cecir, & de là vers la cofte de Champa: car les courants d'eau, depuis Pulo Condor & ladite cofte, jufques à Pulo Cecir, & à ces petites ifles, prennent leurs cours vers l'Eft, au moyen dequoy, & quand on a paffé ces petites ifles vers le Nordeft, les fufdits courants d'eau prennent leurs cours vers ladite cofte de Champa, de laquelle lefdites ifles font diftantes de 20 lieües.

De Pulo Condor, vous prendrez incontinent voſtre cours vers ladite coſte, de maniere que ſi vous eſtes paſſé outre ladite iſle du coſté du Sud, vous tiendrez voſtre cours quelque eſpace au Nord Nordeſt, juſques à ce que vous découvriez la coſte. A moitié chemin de ce cours, vous trouverrez 28 braſſes de profondeur, & ſi vous paſſez outre du coſté du Nord, vous tiendrez la route du Nordeſt, & Nord Nordeſt, & non plus haut, en louviant pour eſviter les bancs ou Mattheo de Brito fit naufrage : que ſi vous approchez de nuit du pays, vous jetterez la ſonde, & trouvant quinze braſſes, vous vous garderez d'approcher plus avant vers ledit pays : mais tournerez à l'Eſt Nordeſt, ſelon que la coſte s'eſtend : car les bancs ſuſdits giſent à cinq lieües de la coſte, en la profondeur de treize braſſes.

Cette coſte de Champa eſt baſſe le long de la mer, ayant un rivage de gros ſable : Elle s'eſtend Eſt Nordeſt, & Oueſt Sudoueſt, juſques à une pointe ſituée à la hauteur de 17 degrez & trois quarts. Quatre ou cinq lieües devant que venir a cette pointe, ce plat pays & rivage ſablonneux prend fin : car cette pointe eſt un fort haut pays, & montagneux juſques à Varella. Au Oueſt Sudoueſt de cette pointe ou cap, git un Golfe, & deux lieües devant que d'y venir, ſe voit une petite iſle, baſſe & longue, tout joignant le pays, toute pleine d'écueils, leſquels à voir de loin, ſemblent une ville habitée. De cette iſle juſqu'à Pulo Cecir, s'étend un banc de la profondeur de dix & douze braſſes. En ladite coſte, là où le rivage eſt ſablonneux, à ſçavoir 17 lieües devant que d'arriver à ladite pointe, eſt l'emboucheure de la riviere de Sydraon, en laquelle peuvent entrer des Vaiſſeaux de ſix cent caſſes. Sur ladite riviere eſt ſituée la meilleure & la plus belle ville du Royaume de Champe : on reconnoiſt ladite riviere à une longue colline ayant deux ou trois pointes eſlevées. Paſſant pres de ladite iſle où ſe voyent les ſuſdits écueils : à la portée du canon vous trouvez la profondeur de huit braſſes, fonds pierreux avec quantité d'herbe, dite Sargaſſo, qui fait qu'à peine la ſonde peut penetrer le fonds : mais le long de la pointe le fonds eſt de vingt braſſes.

Eſtant pres de la coſte de Champa, vous tiendrez vôtre cours Eſt Nordeſt : à deux ou trois lieües d'icelle, tout au plus, le fonds y eſt par tout bon, & propre à anchrer juſques à ladite pointe. Vous laiſſerez au coſté de terre l'iſle ou ſont les écueils, & ne paſſerez point entre deux. De ladite pointe, prenant voſtre cours au Nordeſt, vous venez à une autre pointe à 14 lieües plus outre, entre leſquelles deux dernieres pointes il y a deux Golfes, au premier deſquels on charge du bois noir, appellé bois de Deiraon. Depuis cette troiſiéme pointe juſques à Varella, vous trouverez encore un Golfe avec un Bourg, & deux lieües plus outre, git une iſle pleine d'écueils, tout joignant le pays, laquelle de loin montre comme un homme debout, prenant du poiſſon à la ligne, à raiſon dequoy elle eſt appellée des Portugais *Opeſcador*, c'eſt à dire le peſcheur. Si on veut tenir cours juſques à Varella, incontinent qu'on a paſſé cette iſle, il faut approcher du pays, là où vous trouverrez le rivage grand, & le fonds pur.

Varella eſt une haute montagne, s'eſtendant en mer, & ayant à la cime un haut rocher, en forme de tour ou pilier, lequel on decouvre de fort loin : c'eſt pourquoy ce lieu eſt appellé par les Portugais *Varella*, qui vaut autant dire que *Cape* ou *Back*, ou *Enſeigne* pour les voyageurs. Au pied de cette Montagne du coſté du Sud, il y a un fort grand Golfe qui s'eſtend au Nord, ayant par tout un fort beau fonds, ſans aucuns bancs, de la profondeur de quinze braſſes. On ne commence à la découvrir qu'alors qu'on eſt proche dudit lieu de Varella : l'entrée eſt fort libre, il y a deux ruiſſeaux de fort bonne eau fraiſche qui s'y déchargent : Cependant il n'eſt pas ſeur d'y entrer avec un Navire, pour la difficulté qu'il y a d'en ſortir, à cauſe du vent qui y eſt fort rude, & il eſt meilleur de ſe tenir à l'entrée : Que ſi on a affaire d'eau, on en peut avoir à un autre endroit, à ſçavoir au pied de ladite Montagne du cofté du Nord : auquel endroit auffi vous pouvez librement anchrer, car le fonds y eft bon ; le mal eft que vous n'eftes pas fans danger des habitans du pays, lefquels font voleurs & traiftres : tellement qu'en allant chercher de l'eau, vous vous devez bien tenir fur vos gardes. Ce lieu de Varella eft fous la hauteur de treize degrez.

Depuis Varella jufques à Pulo Catao, le cours eft Nord & Nordoueft cinquante deux lieües, & la terre commance à eftre plus baffe que celle qu'on a paffée, ayant à la plufpart des endroits des rivages fablonneux, là où l'on peut commodement anchrer. Douze lieües outre Varella, à une lieüe de terre, git une longue & baffe ifle, nommée *Pulo Cambir.* Entre cette ifle & le pays, la profondeur eft de 12 braffes, fonds de fable. Au milieu d'icelle du cofté de la terre, là où il y a une petite baye, fe trouve de l'eau fraifche : & là, s'il eft befoin, on peut facilement anchrer, car le fonds y eft net, comme auffi à moitié chemin du Canal, entre l'ifle & le pays, le fonds eft entierement beau. La largeur de ce Canal eft d'une lieüe : à deux lieües de cette ifle vers le Nord, ce voit une pointe, depuis laquelle jufques à l'ifle, il y a un grand Golfe au dedans, duquel au Nordoueft il y a une ouverture qui eft l'emboucheure d'une riviere ayant trois braffes de profondeur, fonds de fable. Pres de là fe trouve un puits profond de treize braffes : & fix lieües plus avant le long de la riviere, il y a un grand Bourg bien habité, là où on peut trouver quantité de vivres & provifions. A l'entrée de cette riviere fe voit une haute colline du cofté de l'Eft : & du cofté de l'Oueft le pays eft bas, & le rivage fablonneux. Vous irez droit par le milieu, quoy qu'elle foit affez large : & eftant dedans, vous vous tiendres ferme à l'anchre, à fçavoir du cofté d'Oueft : car fi la faifon n'eftoit pas encore avancée, vous y auriez de rudes vents qui vous porteroient de l'autre cofté de la riviere. Elle fournit quantité de poiffon, & plus haut dans le pays fe trouve abondance de venaifon, comme de Sangliers, de Tigres, de Rhynoceros, & autres fortes. Le peuple de ce pays eftoit bon, mais le mauvais traitement qu'il a receu des Portugais l'a changé. A neuf lieües de cette riviere le long de la cofte, fe trouvent deux petites ifles avec quelques écueils environ demie lieüe de terre, & il y a bon paffage en cét entre-deux. Treize lieües plus outre il y en a encore quelques autres joignant le pays : & encore treize lieuës plus loin vous venez à Pulo Caton, qui eft une ifle de longue eftenduë, ayant deux hautes montagnes aux extremitez : & au milieu un plat pays ; de forte qu'à la voir de loin, on diroit que ce font deux ifles ; elle s'eftend Nordoueft & Sudeft. Du cofté du Sudeft elle a une baffe fur laquelle l'eau fe rompt, laquelle s'eftend en mer la portée d'un bon coup de canon. On y trouve de l'eau fraifche du cofté qu'elle regarde le pays : elle eft éloignée de la cofte trois lieües & demie ; le Canal qui eft entre-deux a 30 & 35 braffes de profondeur, fonds pur.

Vis-à-vis de cette ifle, il y a une riviere avec une grande embouchcure, ayant cinq ou fix braffes de profondeur en fon Havre. Cette ifle git à la hauteur de 15 degrez & deux tiers. A une lieuë & demie de là, git une autre petite ifle baffe, entre laquelle & le pays, il y a bon paffage. A 16 lieuës de là au Nord Nordoueft, le long de la cofte, git l'ifle de Champello à la hauteur de feize degrez & deux tiers tout au moins, laquelle eft grande & haute. Son eftenduë eft Nord Nordoueft, & Sud Sudeft. El e a deux hautes montagnes, & au milieu une valée, & plufieurs arbres : celle qui eft du cofté du Sudeft eft la plus haute, & du cofté du Nordoueft, elle a une fort haute ifle, avec encore deux autres petites tout joignant. Du cofté d'Oueft il s'y trouve de fort bonne eau fraifche. Elle eft éloignée de la cofte environ deux lieües ; cette cofte eft fort baffe du cofté de la mer, ayant un rivage fablonneux. Au Oueft Nordoueft eft la riviere de Coaynon, ayant à fon embouchcure deux braffes de profondeur, fonds de fable, en laquelle on negocie : mais il ne faut pas fe trop fier à ce peuple, Au Nordoueft de ladite ifle de Champello, la

longueur

longueur de deux ou trois lieuës le pays est plein d’arbres, & deux lieuës plus outre, la coste s’avance en une grosse & épaisse pointe pleine d’arbres ; ayant passé cette pointe, trois licuës plus outre, git un grand Golfe, ayant à l’enttée une isle qui la guarentit, appellée des Portugais *Enseada de don Jorgie*, là où se trouve quantité de vivres & provisions, & aussi du bois en abondance propre à faire Navires & Bastimens. Cinq lieües plus avant le long de la coste, git la riviere de *Sincha* avec un havre de quatorze brasses de profondeur, fonds de sable. Là est tout le negoce de Cochinchine : le cours de Champello en ce lieu là est Nordouest. Cette isle de Champello a un bon Havre pour y estre à l’abry de tous vents, excepté du Ouest Sudouest, & quoy que le vent vienne de terre, vous n’avez rien à craindre, à raison que la terre est basse.

Onze lieues avant que passer devant Varella, à sçavoir quatorze lieues en pleine mer, commencent quelques bancs assez dangereux, lesquels s’estendent selon l’estendue de la coste jusques au dix-septiéme degré, & tendent quelque peu au Nordest, au bout desquels sur le chemin de la Chine se trouvent huit isles, dont les trois sont grandes, les cinq autres sont petites, portant toutes des arbres, & ayant rivages de sable, mais point d’eau fraische, au tour desquelles le fonds est mal propre à anchrer. De là jusques à Pulo Caton prenant le cours obliquement, il y a trentequatre lieues, allant de Varella à Pulo Caton, vous trouvant si avant, que la coste commance à s’estendre au Nord, vous prendrez vostre cours deux lieues le long de la coste, & conti. uerez ainsi vostre route jusques à Pulo Caton : car si vous venez tost en saison, vous y avez les vents de Ouest si violents, que si ils vous surprennent estant plus éloigné de la coste, ils vous poussent par force sur les bancs sans aucun remede, comme il arriva au Navire de Sancta Crux. Vous passerez à deux ou trois lieues tout au plus de Pulo Caton en pleine mer, & s’il arrivoit que vous trouvassiez du costé de terre, vous pouvez hardiment passer par là : car le Canal qui est entre deux, est large de trois lieües par tout il y a bon fonds, & net.

Pulo Caтом regarde la pointe Meridionale de l'isle d'Aynon Nordest cinquante-cinq lieües de chemin. Ladite pointe git à la hauteur de dix-huit degrez & demy tout au plus, cette isle s'estend depuis ladite pointe au Sudouest treize ou quatorze lieües de chemin, & du costé de l'Est, est le chemin de la Chine Nordest, & Nord Nordest, jusques au dix-neuviéme degrez & demy, & du costé de terre ferme, elle s'estend en pointe jusques au dix-neuviéme degrez & un tiers du costé du Nordest : de sorte que cette isle est de la figure d'un quadran. Le Canal qui est entre elle & la terre ferme, en sa moindre largeur, est de six lieües & demie, à sçavoir à l'endroit de l'Havre appellé *Anchio*. Il se trouve quelques bancs entre deux qui n'empeschent pas pourtant le passage des grands Navires. A huit lieües d'Anchio, vers l'Est, git un Golfe avec un Havre, une lieüe plus outre, environ trois lieües arriere de terre ferme, gisent des grands bancs & basses. Doublant de rechef ladite pointe Meridionale de ladite isle, qui est la partie la plus haute de ladite isle, vous trouverez au pied de ladite isle à sçavoir au Nordest, un fort bon Havre, nommé *Taalhio*, à la bouche duquel git une petite isle ronde. Depuis la mesme pointe, l'isle s'estend au Nordouest treize lieües, & de là, tout le terroir est bas le long de la mer, ayant au dedans des collines & montagnes.

Depuis le bout de l'isle d'Aynon qui git du costé du Nordest à la hauteur de dix-neuf degrez & demy, jusques à Pulo Gom, le mesme cours de Nordest & Nord Nordest, il y a neuf lieües. Elle git à cinq lieües & demie de terre ferme ; & est élevée, paroissant de la forme d'une cloche, & a un Havre du costé qu'elle regarde terre ferme. On va de là aux isles de Tio sur la mesme estenduë au Nordest & Nord Nordest, le cours est de cinq lieües & demie. Ces isles sont au nombre de sept, sans aucuns arbres. Depuis ces isles, la coste s'estend Nordest & Nord Nordest, jusques à Anseada dos Ladrones, c'eſt à dire, le Golfe des voleurs. A huit lieuës de cette iſle, git une baſſe qui s'étend à cinq ou ſix lieües de terre en pleine mer, à demie lieuë de laquelle du coſté de l'Eſt on trouve quatre braſſes, fonds de ſable, & à une lieüe de là plus outre, ſe décharge une riviere en laquelle pluſieurs Navires ſe viennent rendre, & encore un peu plus avant il y a une autre riviere qui a un bon Havre contre le monſon de la Chine, avec un bon fonds, & net: l'entrée de cette riviere eſt du coſté de l'Eſt le long d'une pointe de terre, laquelle ayant doublée, vous tiendrez voſtre cours juſques à ce que vous veniez à une baye de ſable, là vous jetterez incontinent l'anchre, car il n'y a point de profondeur dedans. Entre ces deux rivieres, tout joignant le pays, il y a deux ou trois petites iſles. A ſept lieües de cette deuxiéme riviere git le ſuſdit Golfe des voleurs, qui eſt fort grand, ayant au Oueſt Sudoueſt de ſon entrée quelques écueils, depuis leſquels, une baſſe s'avance en mer.

Depuis cette deuxiéme riviere juſques audit Golfe, le long de la coſte, à demie lieüe pres, on trouve ſept & huit braſſes de profondeur, fonds net : du coſté de l'Eſt Nordeſt de ce Golfe, ſe voit une pointe de terre, fort haute, & élevée. Ayant doublé cette pointe une demie lieüe dans le pays, vous trouvez peu de profondeur, fonds vaſeux : ainſi vous tenez voſtre cours vers le Havre de Combay, qui donne le nom à la coſte ; là ſe rendent ordinairement les Navires de Sian, & ce Havre eſt fort ſpacieux, ayant pareillement une pointe de terre élevée, qui s'étend Nord & Sud, tout droit vis-à-vis de ce Havre. Vers le Sud git l'iſle de Sanchoan à ſix lieües de là, & à huit lieües du Golfe des voleurs vers le Sudeſt. Cette iſle eſt grande & haute, ayant pluſieurs montagnes, entre leſquels s'en voit une qui eſt tortüe, ayant diverſes pointes élevées qui reſſemblent les jointures des doigts d'une main fermée, par où elle eſt aiſée de reconnoiſtre. Elle eſt pleine d'arbres, & a pluſieurs grands Golfes ou Bayes, où cy-devant on avoit accouſtumé de negocier.

Entre ladite Montagne & la terre ferme, il y a encore quatre ou cinq autres iſles ſans aucuns bois ny arbres, leſquelles s'eſtendent ſelon l'eſtenduë du pays & de la ſuſdite iſle de Sanchoan, à ſon eſtenduë vers le pays Nordoueſt & Sudeſt, dont on diroit à le voir, que ce ſeroit le pays meſme : ce ſont les premieres iſles de Canton, leſquelles giſent en la hauteur de 21 degrez & demy, de là plus outre juſques à Lamon, le cours eſt en dehors des iſles Eſt Nordeſt. Depuis Sanchoan juſques à terre, ces iſles font trois canaux ou paſſages, tous leſquels ſe peuvent paſſer avec Navires : le meilleur deſquels eſt le long de ladite iſle de Sanchoan, ayant ſix ou ſept braſſes de profondeur, à l'entrée duquel git une petite iſle avec quelques arbres. Du coſtè du Nordoueſt, il y a deux autres grandes & hautes iſles qui font l'entrée du Canal : on y voit auſſi à l'entrée, le long du rivage, quelques autres petites iſles & ècueils, & encore une autre iſle en paſſant devers leſdites deux iſles vers le pays, laquelle fait une autre entrée entre leſdites deux grandes iſles & ladite derniere iſle. Depuis cette iſle juſques au pays, eſt la troiſiéme bouche ou entrée : par ces deux entrées peuvent paſſer de grands Navires avec une haute marée. Le fonds y eſt par tout délié & bourbeux.

Pour aller de Pulo Caton en la Chine, il faut s'avancer trois ou quatre lieuës tout au plus en pleine mer, & prendre ſon cours Nordoueſt, ou Nord Nordoueſt, juſques à ce que vous trouviez une ouverture entre l'iſle & le pays, lors vous tiendrez voſtre cours au Nord Nordeſt juſques à la pointe de l'iſle d'Amon : & paſſant entre Pulo Caton & terre ferme, vous tiendrez le meſme cours, à cauſe que les courants d'eau en ce monſon, prennent leur cours vers le Golfe de Cochinchinne. Tenant ce cours, vous découvrirez l'iſle d'Aynon, eſtant à neuf lieuës de là, il pourroit bien arriver que venant en la conjonĉture de la marée, ou avec un foible vent, que vous vous en approcheriez davantage. Ayant découvert terre, prenez-en la meſure avec le quadran, & ſi vous trouvez que la coſte

s'eſtende Eſt Nordeſt, prenez incontinent ce cours, juſques à ce qu'il vous ſemble l'avoir paſſé, & ſi l'eſtenduë
de la coſte vous eſtoit Nordeſt & Nord Nordeſt, ſelon que
l'iſle s'eſtend, ſuivez cette route, juſqu'à ce que vous
voyez bien & diſtinctement le pays. Eſtant à ſix lieues de
là, ſi vous ſouhaittez faire voile vers Sanchoan, tenez le
meſme cours, juſqu'à ce que vous voyez Pulo Tio. Que
ſi vous vous trouvez cinq ou ſix lieuës de dela en pleine
mer, prenez voſtre cours Nordeſt, & Nord Nordeſt : & ſi
vous ne vous en trouvez éloigné que de deux lieuës, tenez
voſtre cours entre le Nordeſt & le Nord Nordeſt. Tenant
ce cours, vous viendrez ſur l'iſle de Sanchoan, & vous découvrirez l'iſle nommée *do Mandorin*, qui eſt ronde & élevée, diſtante ſix ou ſept lieuës des autres iſles ſuſdites, &
ſi vous voulez vous rendre au havre de Macao, tenez vôtre cours Nordeſt & Nordeſt, ſix lieuës de Sanchoan en
pleine mer. Venant à vingt lieuës pres deſdites iſles, vous
trouverez fonds vaſeux de 25 braſſes. Quand vous venez
à deſcouvrir leſdites iſles, vous en approcherez pres, & ferez voile le long deſdites iſles l'eſpace d'une lieuë. De
Sanchoan à Macao il y a vingt lieuës, & là, ſe trouvent
cinq canaux ou paſſages, dont le premier eſt entre Sanchoan & l'iſle de Vaſco de Faria, large de cinq lieuës.
Cette iſle de Vaſco de Faria eſt de quelque peu plus proche de terre ferme que celle de Sanchoan, & a une haute
montagne qui ſe termine en pointe, & du coſté de la mer,
une haute colline : le pays qui reſte eſtant bas entre la montagne & la colline, de ſorte qu'à la voir de loin, on diroit
que ce ſont deux iſles, & quand on approche juſqu'à découvrir le plat pays, elle reſſemble à un Chameau. Quelque peu de là en pleine mer, ſe voyent deux ou trois autres petites iſles. Le cours de Sanchoan vers ladite iſle eſt
Nord & Sud. A une lieuë de là, gît une autre petite iſle,
longue, ſans arbres : laquelle au milieu montre un dos élevé, qui va en deſcendant vers le bout : ſon nom eſt *Pulo Baby*.
Devant cette iſle, ſçavoir le long de l'iſle de Sanchoan, gît
un écueil qui paroiſt quelque peu hors de l'eau. Ayant paſſé

les petites isles de Vasco de Faria : la premiere qu'on découvre le long des isles, est à la quatriéme emboucheure, ou à l'entrée n'a point d'ouverture, à cause que les isles sont entremeslées. Cinq lieuës plus avant il y a quelques autres petites isles le long de ladite isle, laquelle vous laissez au Ouest Sudouest, & situées tout d'un rang. Il semble de loin qu'elles joignent l'une l'autre, & sont en nombre de cinq ou six. Environ deux lieuës de là Est Nordest, gisent deux autres isles l'une pres de l'autre, dont l'estenduë est Nord & Sud. Apres que vous avez passé celles-cy en allant vers le pays, il s'en voit encores quelques autres tout d'un mesme rang. A l'entrée des deux susdites isles git une petite isle ronde, & élevée entre ladite rangée d'isles, & les autres petites isles, est l'ouverture par où l'on prend le plus court chemin vers Macao.

A l'entrée de Macao, vous ne rencontrez aucune isle, & ainsi vous tenez vostre cours droit vers le pays l'espace de neuf lieuës au Nord, là où est l'ouverture ou passage par où l'on va à Canton, lequel passage est appellé par les Portugais *as Orelhas del Lebre*, autrement dit, *les Oreilles de Liéure*. Vous y trouverez 8, *9*, & 10 brasses de profondeur : venant la à haute marée, le courant est si rapide, que nul vent quel qu'il soit, ne vous peut pousser outre. Il est bon pour lors de se tenir à l'anchre sans caler les voiles jusques au reflux de la marée : pour lors vous reprenez vostre cours le long de la rangée des isles susdites, qui est du costé de l'Est. Vous prendrez garde à un écueil paroissant hors de l'eau pres desdites isles vers la pleine mer : car il n'y a point de Navire qui puisse passer entre ces isles & ledit écueil. Il y a encore un autre écueil que vous laissez à moitié chemin du costé d'Ouest, & venant à découvrir devant vous une petite isle basse sur le mesme rang des autres isles vers l'Est, vous tiendrez là vostre cours, alors vous estes à l'emboucheure ou entrée du deuxiéme Canal qui meine vers Macao. Cette entrée s'étend Est & Ouest, & peut avoir une lieüe de largeur. alors vous prendrez vostre cours sur la petite isle susdite,

la laiſſant au Nord , & vous paſſerez entre ladite petite
iſle & les autres iſles, vous approchant plus pres de celles
là que de celles-cy. Vous commencez là à trouver moins
de profondeur, & encore moins apres avoir paſſé leſdites
iſles : car il s'y trouve un banc, fonds menu & vaſeux. Du
coſté Meridional de ce Canal il y a quatre ou cinq iſles
l'une pres de l'autre, dont l'eſtendüe eſt Eſt Oueſt, ayant
au coſté du Nord une autre iſle ſpacieuſe & élevée, qui s'é-
tend juſques au Havre où les Portugais font leur demeure. À l'entrée de ce Havre, tout joignant ladite iſle, git
une autre petite iſle, haute & élevée : entre ces deux iſles
il y a peu de profondeur, & devant que d'arriver à l'endroit de ladite iſle, il y a un écueil caché ſous l'eau, tirant vers la mer, juſques au milieu du Canal vous prendrez
garde du coſté du Nord où cét écueil ſe trouve. Venant à
découvrir l'endroit où les Portugais habitent, avec le Havre où les Navires ſont à l'anchre , vous tiendrez voſtre
cours vers la pointe Orientale de l'entrée dudit Havre ,
vous tenant pres de ce coſté là juſqu'à ce que vous ſoyez
dedans : vous y trouverez quatre ou cinq braſſes de profondeur. Vous vous garderez du coſté du Oueſt à cauſe
des bancs & ſables qu'on y trouve par tout : du coſté de la
pointe eſt un haut pays ; plus loin, à la portée d'un coup
de canon, git une autre pointe baſſe & ſablonneuſe, de laquelle un banc de 18 pans d'eau, prend ſon cours, s'é-
tendant de travers juſques à l'autre coſté, à l'endroit des
premieres maiſons. Avant que venir en cét endroit, vous
avez une baſſe au milieu de la riviere : il faut pour l'éviter,
tenir au coſté de l'Eſt , & tenir cette route juſqu'à ce qu'on
vienne à anchrer. Vous y avez un bon fonds vaſeux, de
la profondeur de quatre braſſes & demie.

DESCRIPTION DE LA NAVIGATION
des Isles de Canton & de la Custe de la Chine, vers Nyngpo & Nanquin.

EN la description de la navigation & cours de Malaca vers la Chine, nous avons montré les entrées & canaux de la premiere isle de Canton, qui git à la hauteur de 22 degrez. & un tiers, qui est l'isle de Sanchoan, & d'autres isles qui sont plus avant dans le pays, comme aussi de l'isle de Vasco Faria. Depuis ladite isle de Sanchoan qui est pres d'une pointe à treize lieües de l'isle de Lamon, Est, Nordest & Ouest Sudouest. Ces isles s'estendent quarante lieües par delà l'isle de Sanchoan, & depuis lesdites isles jusques à Lampacon, la distance est de treize lieües, & jusques au havre de Macao, de vingt lieües, & de Macao jusques au bout desdites isles, il y a 23 lieües : Toutes lesdites isles sont rangées les unes pres les autres depuis Sanchoan jusques à Macao : à les voir de loin on jugeroit que ce n'est qu'une seule terre : depuis Macao, plus avant, elles commancent à estre en moindre nombre, & plus écartées les unes des autres, de sorte qu'on ne les peut discerner. Tenant vostre cours en dehors de ces isles, devers la pleine mer, jusques au bout desdites isles vous n'avez rien à craindre que ce qui se presente à vos yeux. Il y a seulement dix ou douze petites isles ou écueils à quinze lieües au delà de Macao, à sçavoir en dehors de certaines isles devers la pleine Mer, ausquels vous prendrez garde. Vous pouvez passer hardiment entre ladite isle & lesdits ecueils, car il y a un beau & large Canal entre deux.

A quinze lieües de Sanchoan, git une pointe de terre, laquelle s'estend au Nord jusques au havre de Combay, & de là à l'Est l'espace de cinq lieües, & là elle fait un bout, d'où elle s'estend quatre lieües en dedans vers le

Nord,

Nord, & de là, de rechef vers l'Eſt juſques à Macao. A l'endroit où elle s'étend vers l'Eſt, git un petit Golfe, d'où on va à Comay, la meſme route de l'Eſt. Elle eſt propre pour des Lenteas & Bancoins , qui ſont Barques des Chinois, ſur leſquelles on charge & décharge les Marchandiſes des Juncos ou Navires de Sian. Pres de là eſt l'iſle de Taaquinton. A trois lieües du ſuſdit Golfe eſt l'une des bouches de la riviere de Canton, appellée *Camon*, dont l'entrée eſt belle : de ſorte que les Barques des Chinois y dreſſent leurs cours pour aller en la ville de Canton. Par delà cette entrée de Canton eſt le havre de Phinal, à l'entrée duquel vers la pleine mer , git un banc de ſable, duquel il ſe faut garder. A deux lieües dudit havre eſt l'autre bouche ou entrée qui meine à Canton, appellée par les Portugais *as orelhas del Lebre*, autrement dit, *les oreilles de Lieure*, à raiſon de deux hautes pointes de montagnes qui s'y voyent de telle forme. En cette entrée git une baſſe aiſée à voir, de là juſques au havre de Macao il y a environ trois lieües : le cours eſt le long de terre, par un canal eſtroit & peu profond, qui n'a qu'une braſſe & demie de profondeur à haute marée.

La pointe Occidentale de Taaquinton regarde le milieu du canal Nord & Sud, depuis l'entrée de Sanchoan & l'iſle de Vaſco de Faria, laquelle a ſon eſtenduë vers l'Eſt auſſi bien que Taaquinton , & regardent l'une & l'autre Nord & Sud. Le canal qui eſt entre ces deux iſles eſt beau & net, fonds vaſeux. Pour anchrer, il faut venir tout pres de l'iſle de Vaſco de Faria, à ſçavoir à moitié chemin, où l'on trouve de l'eau fraiſche, depuis la pointe Orientale de ladite iſle juſques à la pointe de Taaquinton, git un banc de la profondeur de trois braſſes, fonds vaſeux, qui eſt la plus haute profondeur qui s'y trouve, pres de ladite iſle de Vaſco de Faria : plus outre il ſe trouve plus de profondeur.

Celuy qui deſire aller de l'iſle de Sanchoan à Macao à deux chemins, dont le plus aſſeuré eſt en dehors, à ſçavoir par la bouche ou canal qui eſt entre ladite iſle de

Sanchoan & celle de Vafco de Faria, prenant fon cours devers la pleine mer, le long de ladite ifle, comme s'il venoit du cofté de la mer : l'autre chemin eft du cofté de l'Eft par le canal de Taaquinton & Vafco de Faria. A quatre lieües de là au Nordeft, vous viendrez à décoûvrir le havre de Lampacon, à fçavoir deux grandes & hautes ifles avec plufieurs arbres, dont l'eftenduë court Eft & Oueft. La bouche ou l'entrée de havre qui eft entre ces deux ifles a quatre ou cinq braffes de profondeur, fonds mol & bourbeux, à caufe de cela l'anchrage n'y eft pas bon, joint que le courant y eft rapide. A l'entrée dudit havre du cofté d'Oueft, s'y voit une petite ifle ou écueil, juftement au milieu de l'entrée. Celuy qui veut tenir fon cours vers ledit havre du cofté d'Oueft, prendra fon chemin entre lefdits écueils, & l'ifle qui eft du cofté du Sud: là fe trouve un banc de fonds bourbeux. Vers le Sud de cette deuxiéme ifle, fe voit une grande & haute ifle, laquelle s'eftend Nordeft & Sudoueft, entre laquelle & le havre de Lampacon, il y a paffage. Au cofté de l'Eft de l'entrée dudit havre, git une autre grande & haute ifle, s'eftendant Nord & Sud. Le cofté du Sud de cette ifle, & la pointe Orientale de l'ifle Septentrionale de Lampacon, fe regardent Eft & Oueft. Le canal qui eft entre ces deux, ifles qui s'eftend au Nord, eft beau & profond, ayant la largeur de la portée du canon.

Tout joignant la pointe Orientale de l'ifle Meridionale de Lampacon, fe trouve un écueil rond, & un peu plus avant vers l'Eft, git une autre grande & haute ifle, s'eftendant du cofté du Nordeft & Oueft, & du cofté d'Oueft, Nordoueft & Sudeft, les canaux par lefquels on paffe pres dudit écueil, font beaux & profonds. Depuis ledit écueil, vers le Sudeft, fe trouve une iffuë ou canal qui s'eftend en pleine mer, dont le fonds eft entierement de fable, de la profondeur de trois braffes, par où il faut que paffent les Navires qui viennent de Lampacon : car du cofté d'Oueft il y manque de profondeur, comme il a efté dit. A huit lieües de Lampacon vers l'Eft eft Macao, & sur la mesme estenduë jusques à Macao, se voit une rangée d'isles, lesquelles sont toutes du costé du Sud: de là jusques en terre ferme, il y a environ six lieües. Cette espace est une mer toute ouverte, en laquelle ne se voyent que deux ou trois petites isles: le fonds y est par tout plein de bancs, la plus haute profondeur n'y estant que de deux brasses, jusques à une lieuë de terre ferme. Le canal qui a son cours du costé de la mer jusques à l'emboucheure de la riviere de Canton, appellée Oreilles de Lievre, s'estend le long des isles du havre de Macao.

Retournant vers l'isle de Vasco de Faria, quand vous estes justement à l'endroit du bout de ladite isle, non loin de là, vous avez une isle ronde & élevée. Entre ces deux isles, vous entrez en pleine mer. Par delà ladite isle il y a une rangée d'autres isles, qui s'estendent Est & Nordest, jusques à la bouche ou canal par lequel on passe venant du costé de la mer à Macao. Ces canaux & passages sont beaux & nets, n'y ayant rien à craindre que ce qui se presente devant vous. Vous dresserez vostre cours le long de ces isles, les laissant du costé du Sud, ayant l'isle de Lampacon au costé du Nord. Venant à cette isle vous verrez au Nordest une autre isle, ayant une pointe dont le rivage est de sable blanc, vers laquelle pointe vous dresserez vostre cours, car depuis là jusques à l'isle de Lampacon, il y a un banc de sable, laquelle vous approcherez de la portée du canon. Ayant passé cette pointe, vous prendrez la route du Nordest, laissant au costé du Nordest une grande & haute isle, qui regarde Est & Ouest, l'isle Meridionale de Lampacon, entre ladite isle de Lampacon il n'y a aucun danger que le susdit écueil. Vous dresserez vostre cours vers la pointe du Sudest & de ladite isle, la laissant au Nordoüest, & prenant vostre passage entre cette isle & une autre qui est du costé d'Ouest. Icy vous aurez toûjours la sonde à la main, pour sonder la profondeur. estant passé, vous vous trouverez au canal qui prend son cours vers la mer, vers la bouche appellée *las Orelhas del Lebre*, vers le Nord, d'où vous prenez le chemin de Macao vers l'Oueft.

A huit lieües de Macao vers le Nordeft, il y a une grande ifle & fort élevée, en laquelle fe voit une haute pointe ou montagne, laquelle ifle git en la plus grande bouche ou entrée de la riviere de Canton, par laquelle entrent les grands Juncos ou Barques qui fervent à tranf-porter les Marchandifes. Depuis la pointe Occidentale de cette ifle, à fçavoir demie lieuë vers le Sud, il y a quelques écueils, entre lefquels & ladite ifle, le fonds eft beau & net par tout, comme auffi le long du cofté Meridional de l'ifle. Par de là lefdits écueils, à pleine mer, fe voyent quelques petites ifles, & quelque peu plus avant en mer, quelques autres plus grandes ifles. Vous ne pafferez pas entre lefdits écueils & lefdites pe-tites ifles : mais vous pouvez bien paffer entre les petites & les grandes.

A quatre lieües de Macao au Sudeft, git une grande ifle divifée en deux parties par un petit bras de mer, la-quelle montre de loin comme un Navire, fans bois n'y arbres. A demie lieuë de là vers le pays, il y a une au-tre grande ifle portant arbres : à moitié chemin du canal, entre ces deux ifles à l'entrée du cofté de Macao, git un écueil, fur lequel l'eau fe vient rompre, duquel vous de-vez vous garder, fans craindre autre chofe, car le refte eft beau & net. A fix lieües de ladite grande ifle divi-fée en deux parties, à l'Eft Sudeft git une autre ifle hau-te & longue, ayant un boccage fort efpais, appellée *Ton-quion*. A demie lieuë de là vers la pleine mer, git une rangée de 10 ou 12 petites ifles ou efcueils. Vous pou-vez, fi vous voulez, dreffer voftre cours en dehors def-dites ifles en pleine mer, felon que vous jugerez à pro-pos. A une lieuë de là vers le pays à moitié chemin du canal, il y a une autre ifle baffe & longue, pleine d'ar-bres, pres de laquelle il y a un efcueil, il y a encore un autre efcueil entre ladite ifle & la fufdite. Entre cet ef-cueil qui eft à moitié chemin du canal & l'ifle qui eft du cofté de la pleine Mer, le fonds eft beau & net. A la pointe de cette ifle vers l'Eft Nordeft, du cofté qui regarde le pays, il y a un petit Golfe ou Báye, où les Navires font à l'abry de monfon des vents de Sud, & fi on y trouve de bonne eau fraifche. Tout autour de l'ifle de Tonquion le fonds eft beau & net.

A huit lieües de la pointe Occidentale de l'ifle qui eft à l'embouchcure de la riviere de Canton du cofté de l'Eft, il y a une autre haute & longue ifle, dont l'eftendüe eft Nordoueft & Sudeft, laquelle eft entierement fans ar-bres. A demie lieüe de la pointe du Sudeft de la mefme ifle vers la pleine mer, git une autre ifle ronde & haute. Le canal qui eft entre ces deux ifles eft profond. Au cofté du Nordeft de ladite ifle, tirant vers le pays, fe voyent deux ou trois petites ifles, qui s'eftendent en lon-gueur, & aboutiffent l'une à l'autre fans aucuns arbres. Entre le bout de ladite ifle du cofté du Nordoueft & le pays, il y a un petit canal, par lequel les petits Bancoins ou Barques des Chinois prennent leurs cours. De Can-ton jufques à ladite ifle, la mer fait un Golfe. On prend la route de ce quartier quand on vient du Japon.

A fept lieües de ladite ifle, depuis l'ouverture qui eft entre deux vers l'Eft Nordeft, fe voit une pointe de ter-re haute & unie, en laquelle on voit comme un boccage épais, vis-à-vis de laquelle à la portée du canon, git une longue & grande ifle, qui s'eftend le long de la côte, le canal qui eft entre cette ifle & ladite pointe, à peine eft profond de trois braffes. En dedans cette pointe vers ter-re, du cofté d'Oueft, il y a divers lieux propres à an-chrer au temps des monfons de la Chine, à la profon-deur de fept ou huit braffes fonds vafeux : là eft le bout des ifles de Canton. Le chemin qui eft depuis les ifles fuf-dites jufques à ladite pointe, fait un Golfe qui eft par tout beau & net.

A fix lieües de ladite pointe le long de la cofte, il y a un Golfe, en la bouche duquel fe voyent quelques pe-tites ifles & efcueils du cofté de l'Eft Nordeft, qui fert

Q ij

d'abry aux Navires contre le mauvais temps. On recouvre icy des vivres & autres provisions. A quatre lieües de là vers la pleine mer, gît un rocher ou un écueil, qui de loin semble un Navire à voile, sous la hauteur de 22 degrez & demy : tout ce pays est bas le long de la coste, ayant un rivage de sable : mais plus avant, il est haut & élevé, ayant son estendüe Est Nordest jusques à une pointe qui est à seize lieües de l'isle de Lamon. On y peut anchrer par tout, depuis le bout des isles de Canton jusques à ladite isle de Lamon. A la distance de 20 lieües vers la pleine mer, se trouvent quelques bancs & basses de sable rouge, qui paroissent hors de l'eau à basse marée, auquel endroit, les pescheurs de toute cette coste font leur pesche, & ne se trouvent aucuns cañaux ny passages entre les susdits bancs & basses.

Depuis la pointe susdite jusques à Anselada des Comorins, autrement le Golfe des Guernettes, que les Chinois nomment Coasto, sous la hauteur de 25 degrez & demy, la coste s'estend Nordest & Sudouest, & Est Nordest, Sud Sudouest l'espace de 90 lieües hors toutes pointes. Onze lieües par delà la susdite pointe, est la riviere du *Sel Rio do Fal*, d'où on apporte le sel à Canton, l'entrée de laquelle est grande. Quatre lieües par delà, pres d'une autre pointe de terre, se trouve l'embouchure d'une autre riviere, que les Chinois nomment *Chaochin*, & les Portugais *o Porto de Peçal*, autrement dit, *le Havre des Pieces*, d'autant que les Chinois y font de bonnes pieces de Soye, & autres tres-beaux ouvrages. Cette riviere est fort grande, & au long de ladite riviere, se trouvent diverses maisons & bourgades dans le pays : elle regarde la pointe du Sudouest de l'isle de Lamon, Est Sudest & Ouest Nordouest.

Cette isle gît à la hauteur de 22 degrez & un quart, grande & haute, abondante en arbres & boccages : elle est de mesme estendüe que la coste, dont elle est distante environ une lieüe. Quand on vient de Macao le long de ladite coste, on diroit que ce sont deux isles ; quoy qu’en effet ce n’en foit qu’une. Pres de ladite ifle, du cofté de terre vers le Sudoueft, fe trouvent quelques écueils, lefquels à baffe marée, paroiffent hors de l’eau, & fur lefquels, l’eau vient à fe rompre à haute marée. Le refte du Canal entre ladite ifle & terre ferme, eft affez net & profond. Toutesfois, on n’y peut paffer qu’avec beaucoup de peine & difficulté, à caufe des bruyeres qui y flottent : on y paffe avec des Soma qui font Caravelles de Voitures, dont les Chinois fe fervent le long de la cofte. Pres de ladite pointe du Sudoueft de cette ifle vers la pleine mer, fe voyent quelques rochers & petites ifles baffes, entre lefquelles & ladite ifle, on peut paffer. A la pointe du Nordeft du cofté de terre, il y a un grand Golfe, qui fert d’abry aux Navires contre tous vents, de la profondeur de trois braffes & demie, fonds vafeux, auquel il faut entrer du cofté du Sudoueft.

A une lieüe & demie de la pointe du Sudoueft de ladite ifle vers la pleine mer, il y a une baffe qui paroift hors de l’eau, qui eft de pierres noires, qui s’eftendent toutes d’une rangée vers l’Eft environ trois lieües, au bout duquel il y a un rang de trois écueils, le dernier defquels eft le plus grand : on ne peut en aucune façon paffer entre lefdits écueils, mais bien entre la baffe & la fufdite ifle : là il y a un fort bon Canal de vingt braffes de profondeur, fonds de menu fable ; vous devez vous garder de cette baffe & de ladite ifle. Il eft bon pour ceux qui viennent du Japon de paffer par là de jour, car fi vous dreffez voftre cours en dehors, en pleine mer pour éviter la baffe, vous avez le vent fi rude, qu’à peine pourrez-vous approcher de la cofte, & ne pourrez paffer qu’avec grande difficulté.

A fept lieües de l’ifle de Lamon, à l’Eft Nordeft, git le havre de Chapacon, qui eft un bras de mer, qui s’étend fort avant en terre vers le Nordeft. A l’entrée dudit havre, au Sudeft, il y a une grande & haute pointe de terre au Nordoueft, le pays eft bas ayant le rivage

fablonneux, depuis ladite pointe fur la mefme eftenduë.
A la portée d'un canon, git une baffe de fable, fur laquelle l'eau fe vient rompre : Celuy qui veut entrer dans
cét havre, doit tenir fon cours du cofté du Sudeft, le
long de la pointe, là où on trouve trois braffes & demie
de profondeur. Demie lieüe au deffous de ladite pointe, du cofté du Sudeft, git un petit Golfe ou Baye, dont
le fonds eft vafeux, qui fert d'abry contre quelques orages, dans lequel fi vous entrez du cofté du Nordoueft,
à l'endroit d'une petite ifle, vous y verrez des maifons
& des bourgades, là où vous trouverez des vivres & des
provifions. On y va avec des Juncos & Somas, qui font
Navires & Batteaux des Chinois. Ce havre git à la hauteur de 23 degrez & demy. Derriere ce Golfe, du cofté
de la mer, il y a un autre Golfe, pres duquel, à la portée d'un canon, fe voyent quatre ou cinq petites ifles ou
écueils, entre lefquels & la terre ferme, on peut bien
paffer, car le fonds y eft beau & affez profond : ce Golfe fert d'abry contre le monfon de Malaca, qui fouffle
quand on va de Malaca à la Chine, le fonds y eft fort
bon & commode : le pays qui eft entre ces deux Golfes, eft haut & orné de verdure, fans boccage ny bruyeres, & lefdites ifles font rondes & élevées, s'eftendans
toutes d'une rangée.

Depuis ledit havre de Chambaqueo jufques à Chinceo, le cours le long de la cofte, & eft Eft Nordeft la diftance de 24 lieües haut pays. Tenant cette route, vous
trouverez feize braffes de profondeur, les courants de
l'eau y font rapides & dangereux. A fept lieües de
Chambaqueo, eft le Golfe appellé des Portugais, *A
Enteada Pretta*, c'eft à dire, *le Golfe noir* : & par ceux
du pays, *Lauho* : au deffus duquel il y a un fort haut
pays, avec une foreft qui paroift fort épaiffe. A l'entrée de ce Golfe il y a deux ifles, le fonds y eft bon
& beau, & fert d'abry contre quelques vents. A deux
lieües de là en pleine mer, fe voyent deux autres peti-
tites ifles ou efcueils de pierres blanches, l'une pres de

l'autre,

de l'autre. Entre la terre & lefdits écueils, il y a un paſſage commode.

A ſept lieües de ce meſme Golfe, ſe trouvent deux autres petites iſles élevées, plus longues que rondes, ſans boccages ny arbres, l'une joignant l'autre, dont l'eſtenduë eſt Nordoueſt, Sudoueſt & Sudeſt : entre leſquelles il y a trois ou quatre écueils. Elles ſont à demie lieuë de terre ferme, & droit vis-à-vis deſdites iſles git un petit Golfe, ayant une fort baſſe pointe, & en l'iſle qui eſt tout joignant la terre qui eſt du coſté du Sudoueſt, il y a une baye de ſable, qui eſt une bonne retraite, de la profondeur de ſept ou huit braſſes, de ſorte que les écueils qui ſont en mer vous ſervent de deffenſe. Pluſieurs Navires Japonois ont paſſé leur hiver en ladite baye : ſon entrée eſt du coſté du Nordeſt, tout joignant la pointe de l'iſle qui eſt pres du pays de, & en y entrant, il faudra louvier toûjours le plus pres de l'iſle que vous pourrez : vous y pouvez toûjours entrer, tant du coſté du Nordeſt que de celuy du Sudoueſt, entre l'iſle & le pays. Cette iſle ſe nomme Chiocon, il s'y trouve de l'eau fraiſche, le fonds y eſt beau & net, excepté un écueil où l'eau vient à ſe rompre, lequel git du coſté d'Oueſt à la portée du canon.

A trois lieües de cette iſle eſt le Havre de Chincheo & à deux lieües de terre ſe voyent deux petites iſles ou écueils de pierre blanche, entre leſquels & le pays, comme auſſi en dehors vers la pleine mer, le fonds eſt par tout beau & net. A deux lieües de ces petites iſles, ſe voit une autre petite iſle haute & ronde, à demie lieuë du pays, pres de laquelle il y a une baſſe qui s'étend en pleine mer, ſur laquelle on voit l'eau ſe rompre. Entre ladite iſle & la terre il y manque de profondeur. Entre la meſme iſle & la pointe de la bouche de Chincheo, il y a un petit Golfe où les Navires ſe tiennent à l'anchre au temps du monſon de la Chine : Toute ladite coſte de Chabacon, juſques à Chincheo le pays eſt haut, le fonds y eſt beau & net, excepté la baſſe ſuſdite.

R

Au deſſus du Havre de Chincheo, quand vous venez du coſté du Sudoueſt, vous voyez une terre fort haute, avec un rocher élevé en forme de pilier, comme Varella en la coſte de Champa. Ce pays haut va en deſcendant vers une pointe de la coſte. Et quand vous venez du coſté du Nordeſt du coſté de la mer, vous y voyez une grande ouverture avec quelques iſles à l'entrée. Depuis ladite pointe le pays s'étend vers le Nord environ une lieuë & demie, & de là il tourne volontiers au Oueſt Nordoueſt, ayant un bras de mer qui s'avance bien avant dans le pays. Sur la meſme eſtenduë, entre les deux ſuſdites pointes, il y a une haute & longue iſle, ſans bruyeres ny arbres, de meſme eſtenduë que le pays, duquel elle eſt diſtante d'une petite demie lieuë, en laquelle ſe trouve une bonne baye de ſable du coſté du pays. A moitié chemin de cette iſle à la portée du canon, git un écueil bas & plat, qui ne ſe voit point & ne tient guere de place, ayant dix-huit pans d'eau, le reſte du fonds eſt beau & propre à anchrer. En cette iſle ſe trouve de l'eau fraîche : on n'en approche point du coſté du Sud, mais bien du coſté de l'Eſt en dehors.

A un quart de lieuë de cette iſle vers le Nord, il y a trois petites iſles, qui s'étendent avec une autre, Eſt & Oueſt. Plus avant du coſté d'Oueſt vers le pays, il y a un beau & profond Canal, large d'environ demie lieuë, on peut auſſi paſſer ſi on veut entre la premiere iſle & les deux autres, dont celle qui eſt du coſté de l'Eſt eſt la plus longue & la plus grande des trois. Elles ſont diſtantes de terre une grande lieuë. A la portée du canon de celle qui eſt du coſté de l'Eſt, tirant vers le Nord, il y a une grande & haute iſle qui s'étend Nord & Sud, ayant du coſté d'Oueſt une baye de ſable, là où il y a un endroit propre à anchrer en fort beau fonds. Au Sudoueſt de cette baye à la portée du canon, git une baye de ſable de douze pans d'eau, & plus outre le fonds eſt beau. Le long deſdites iſles & près de ladite baye, les courants ſont rapides : le meilleur & le plus ſeur endroit pour y

anchrer eſt tout joignant la pointe du Sud pour eſtre ga-
rentis deſdits courants. Vous ne paſſerez point la pointe de cette baye vers le Nord, car il y manque de profondeur. Ceux de Liampo & de Japon prennent leur cours
vers ce Havre, par le canal qui eſt entre cette iſle & les
autres trois petites iſles, dont la profondeur eſt de cinq
ou ſix braſſes. On voit ſemblable profondeur le long de
ces trois petites iſles, tant du coſté de terre qu'en dehors, excepté le ſuſdit banc ou platte de ſable, cette iſle
eſt appellée par les Chinois Tantaa. Plus outre en pleine
mer, git une autre petite iſle, nommée Tanteaa, diſtante de deux lieües des ſuſdites petites iſles. Depuis Tantaa juſques au pays vers le Nord, il y a une lieüe, la
profondeur y manque, de ſorte qu'on n'y peut paſſer,
ny auſſi à une eſpace de chemin de là vers la pleine
mer.

A une lieüe de l'iſle de Tantaa au Oueſt, eſt l'entrée
du ſuſdit bras de mer, qui peut avoir demie lieüe en largeur. Du coſté du Sud il y a une pointe, vis-à-vis de
laquelle de l'autre coſté de terre au Nord, il y a un Golfe ou baye, où il y a un Fort & une Garniſon de Chinois. A une lieüe de ladite pointe au dedans de la riviere, du coſté du Sud, git une iſle, à laquelle ſe voit
quelques dunes rouges, à moitié chemin de laquelle du
meſme coſté du Sud il y a une pointe, & un peu par de
là, tirant vers le Oueſt, il y a une petite baye vers ladite
iſle, en la bouche de laquelle les Navires peuvent anchrer,
& eſtre garantis contre les courants d'eau, ſous la dé-
fenſe de ladite pointe. Il arrive quelquesfois que les Navires, par mégarde, demeurent ſur le ſec, pour s'eſtre
approché trop pres du pays, neantmoins c'eſt ſans danger, le fonds eſtant de menu ſable. Au de là de cette
pointe vers la partie Orientale de la meſme iſle, ſe trouve un fort beau endroit pour y mettre les Navires à terre, & les y viſiter & racommoder : il s'y trouve auſſi des
vivres & autres proviſions ; les Navires qui ſont à l'anchre
pres de ladite iſle de Tantaa, n'y reſtent pas juſques à ce

R y

qu’il fasse tempefte, mais si-toft qu’ils voyent qu’il fait mauvais temps, ils levent les anchres; & s’en vont pres de ladite isle, à l’entrée de la susdite baye tout joignant le cofté du Sud, là où le fonds eft beau. Ce Havre de Chincheo git à la hauteur de vingt-quatre degrez & un quart.

A cinq lieües de l’isle de Tantaa & de la petite isle du Havre de Chincheo à l’Eft Nordeft, il y a une pointe de terre, pres de laquelle se trouve un Golfe qui fert d’abry contre le mauvais temps, & contre le monfon de la Chine, appellé *Lialoo*. La rade de ce Golfe eft tout joignant ladite pointe : car toute la terre de ce Golfe jufques à ladite isle de Tantaa, comme auffi entre la mefme isle & terre, eft peu profonde & pleine de bancs. Le fonds de cette cofte eft blanc & net. Depuis Chincheo jufques au Havre de Foquien, le cours eft Nordeft & Eft Nordeft l’efpace de quarante-quatre lieües.

A deux lieües de Lialoo, il y a une petite isle baffe à demie lieüe du pays, & demie lieüe plus outre, tout joignant le pays, fe voyent deux autres petites isles, proches l’une de l’autre. Pres de là fe trouve l’emboucheure d’une riviere dont le rivage eft fablonneux, & le dedans du pays plat. En cette riviere entrent les Somas ou Navires des Chinois allant en la ville d’Enon, située au mefme pays, ils ont là un grand trafic. Huit lieües plus avant, le long de la cofte eft la pointe de Chincheu, qui eft un terroir haut, de couleur blanche & vermeille. Au Nordeft de cette pointe, il y a une petite baye, au deffus de laquelle le pays eft fort élevé. En cette baye git une isle entre laquelle eft la fufdite pointe, on y peut paffer. A un coup de moufquet de ladite isle au Nordeft, il y a un écueil plat à demie braffe deffous l’eau. Du cofté de terre il y a un endroit propre à anchrer. Au deffus de cette mefme pointe, il y a une grande ville bien habitée. Au Nord Nordeft de la mefme isle, il y a deux autres petites isles de couleur rouge qui s’étendent en longueur, l’une aboutiffant à l’autre : mais le fonds n’y eft pas propre à anchrer. Deux lieües avant que venir pres de ladite pointe de Chincheu, vous voyez une montagne dans le pays semblable au mont appellé *Monte Formoso*, laquelle est distante de quatorze lieües de Chinceo. En ce quartier, se voyent quelques batteaux des pescheurs du pays, & des Somas des Chinois, clos de tous costez lors qu'ils vont en mer, n'ayant pour tout équipage qu'une petite voile.

A sept lieües de la pointe de Chincheu, est le bout du Sudouest de l'isle appellée *Isla dos Cauallos*, autrement, *l'isle des Cheuaux* : autrement, *Tachoo*, qui est le nom d'une ville qui est proche de là à deux lieües dans le pays le long de la riviere. Cette isle est environnée d'un bras de mer, dont l'entrée est appellée *Puysu*, & est large de cinq lieües. La partie qui est du costé du Sudouest est large de demie lieüe. Depuis la pointe de l'isle en dedans une demie lieüe avant, s'y trouve un endroit propre à anchrer, pour y estre guarenty des vents du monson de la Chine. La profondeur y est de 10 & 11 brasses, fonds beau & net. Il faut se donner de garde du pays du Sudouest qui est bas, & dont le rivage est sablonneux à cause des bancs qui s'y trouvent : il y a un canal qui n'a que deux brasses en sa plus haute profondeur. Il s'y trouve un écueil caché sous l'eau du costé de l'isle à la portée du canon de la pointe de dedans ladite isle. La coste entre ces deux Havres est bordée de quelques dunes rouges, le fonds y est beau par tout. Depuis cette entrée du Nordest, une lieüe vers la pleine mer, se voit une autre petite isle. Depuis le mois d'Avril jusques en Septembre, on nourrit quantité de bestail en ladite isle, il y a aussi dequoy pour nourrir les Chevaux, c'est le sujet pourquoy les Portugais luy ont donné ce nom de *isla dos Cauallos*.

A neuf lieües de cette isle, le long de la coste, il y a une grosse pointe de terre & une brosse de bois au dessus : tout joignant gît une isle ronde. Le canal qui est entre deux est estroit, neantmoins on y peut passer. Depuis ladite pointe au Sudouest, se voit un terroir haut, avec un bois, au dessus duquel jusques vers la mer il y a une belle plaine, on peut le long de ladite plaine, anchrer pour estre à l'abry des vents du monson de la Chine, le fonds y est vaseux. Au dessus de ladite pointe est la ville de Pinhay, dont la coste porte le nom. A cinq lieuës de cette pointe le long de la coste, git le Havre de Foquyen, qui a une grande rade & un bois tout au tour, & une isle ronde pres de terre, ayant un bois épais. A l'endroit de cette isle est l'emboucheure d'une riviere, le long de laquelle git une grande ville, entourée de fortes tours & murailles, ayant un pont sur la riviere, auquel sont liées les Navires qui sont là. L'entrée de ce havre est belle & nette.

A cinq lieuës de ce havre, git le Golfe, appellé des Portugais *A Anseada dos Camorins* : autrement, *des Quesnettes*, & des Chinois, *Cayto*. En ce chemin se trouvent quelques hautes isles sans arbres, distantes trois bonnes lieües de terre ferme, entre lesdites isles & la terre, il y a par tout beaucoup de basses & écueils, il faut éviter ces isles. A deux lieuës desdites isles la coste a une pointe sans arbres. Au bout de chaque lieuë, au Ouest Sudouest, se voyent deux petites isles. Au costé du Sudouest de cette pointe, se trouve un endroit propre pour se guarentir contre le vent du monson de la Chine, ayant un beau fonds de sable. Au dehors desdites isles les vents sont violents, ainsi on prend quelquesfois le chemin entre le pays & lesdites isles, mais il n'est pas commode pour les Navires. De l'autre costé du Nordest de ladite pointe, tout joignant terre, il y a une petite isle élevée, qui s'étend Nordouest & Sudest. Le canal qui est entre deux est large de la portée du canon, ayant trois brasses de profondeur, la pluspart fonds pierreux, de sorte qu'en y jettant l'anchre, les cables y sont coupez par le taillant des pierres. Ce canal ne se voit que lors qu'on en est pres. Il y a un Golfe ou Baye du costé de la terre, pour y entrer, il faut approcher le plus pres qu'on peut de l'isle en louviant jusques à toucher de la pointe du Navire le fonds du rivage dudi Golfe, afin d'anchrer en la profondeur du fonds dur : car si vous venez à jetter vos anchres en mer, vos cables seront incontinent coupez.

Louvier, c'est aller tãtost d'un bord & tantost de l'autre.

Cette isle est couverte d'une pointe, de là au Nordest & Est Nordest, le pays a une autre pointe, distante environ une lieuë & demie de la precedente. Environ demie lieuë de ladite isle & pointe vers l'Est Nordest, git une basse sur laquelle l'eau se vient rompre, laquelle s'étend Nordouest & Sudest environ demie lieuë depuis ladite basse jusques à la pointe du Nordest du susdit Golfe, il y a environ une lieuë de chemin, le reste du Golfe est beau & net : C'est le Golfe appellé *Anseada dos Camorins*, autrement le Golfe des Quernets : la rade dudit Golfe est guarantie de la susdite pointe du Nordest contre les vents du monson de la Chine, pour y venir faut approcher tout pres de terre. Avant que venir à ladite pointe, il se trouve un bon fonds bourbeux pres de cette pointe du Nordest, en sorte que la susdite basse vous demeurera au Sudouest, pourtant il faut venir tout pres de ladite pointe afin d'éviter cette basse.

Depuis ledit Golfe jusques à la pointe de Sombor qui git à la hauteur de vingt-huit degrez & un quart, le cours le long de la coste est Nordest, & Nord Nordest, en dehors de ladite isle & la pointe dudit Golfe. A douze ou treize lieües dudit Golfe, se voit une autre pointe, depuis laquelle la terre s'étend Nord Nordouest, & encore Nordest & Nord Nordest. A deux lieües de là, se voyent trois isles l'une pres de l'autre, dont il y en a deux grandes & hautes, & l'autre petite, le fonds y est par tout beau & bon, mais il n'y a point de rade n'y d'endroit propre pour y tenir les Navires à couvert. Toute cette coste depuis le Golfe des Quernets jusques ausdites isles, est basse, ayant seulement quelques petites collines & forests. Tout le long de ladite coste le fonds est fort beau. En ce quartier, à moitié chemin dudit Golfe des Quernets & desdites isles, à sçavoir celle qui est la plus pres de terre, a au milieu une haute montagne, laquelle va en defcendant vers le bout de l'ifle, il n'y a point d'arbres ny de forefts tout au tour : le fonds y eſt beau.

Depuis ces ifles la cofte s'étend en dedans, & onze lieües plus avant, c'eſt à dire à deux lieues de terre il y a deux grandes & hautes ifles, l'une pres de l'autre, fans arbres n'y forefts de mefme eſtenduë que la cofte, dont la premiere qui eſt du cofté du Sudoueſt eſt fort longue, & l'autre qui eſt du cofté du Nordeſt en forme de triangle : le canal qui les fepare n'a de largeur gueres plus que le jet d'une pierre, mais il eſt beau & profonds, & tel qu'on y peut paſſer. Tout joignant la pointe du Nordeſt de ladite ifle longue, il y a une baye de fable où fe trouve une fort bonne rade, & on y peut eſtre à l'abry de tous vents. Cette baye eſt appellee par les Chinois *Pudeon*, autrement *Sac*, à caufe de fa forme. Par de là cette baye à la portée du canon, fe trouve un puits fort profond. Le fonds de cette baye eſt de la profondeur de cinq ou fix braſſes, on y trouve de fort bonne eau fraifche, comme auſſi vis-à-vis de là en l'autre ifle, fe trouve pareillement un endroit où il y en a. Le canal qui eſt entre ces ifles & la terre, eſt par tout beau & profond : comme auſſi du cofté de la mer, fe trouve un bon fonds, de là au Nordoueſt eſt le Havre de Fuichon, qui eſt l'emboucheure d'une riviere de la largeur de la portée d'un canon, ayant bonne profondeur : le long de cette riviere dans le pays il y a diverfes Villes & Bourgs habitées. A fix lieuës de ladite ifle premiere, vers la pleine mer au Sud, fe voyent deux autres petites ifles fans arbres ny bois, à demie lieuë l'une de l'autre, dont celle qui eſt du cofté de terre eſt platte, l'autre eſt fort haute, & a un petit Golfe qui fert d'abry contre tous vents, excepté le Nordoueſt. L'entrée eſt petite, & eſt ronde en dedans, ayant une bonne profondeur : cette ifle eſt faite comme un fer de cheval, le Golfe ayant du dedans au dehors la diſtance d'un coup de canon.

A cinq

A cinq lieües de ce Havre de Pudeon, environ une lieuë de terre, se trouvent deux autres isles, dont la premiere qui est longue, est de la mesme estenduë que la coste : l'autre s'étend de la terre vers la mer ; on ne sçauroit passer entre ladite isle & le pays,, la pointe de cette isle s'étend jusques à la pointe du Nordest de la plus longue isle, qui est du costé de la pleine mer : il y a un petit canal entre deux, qui est assez profond : il y a bonne profondeur autour de cette isle, tant au dedans qu'en dehors.   Depuis ladite jusques à terre se trouve bonne profondeur de quatre brasses, fonds vaseux.   En cét endroit est le Havre de Quotimony, où on est guarenty du monson de la Chine, & non pas contre les vents du Sudouest.   Deux lieües avant que d'y arriver, se trouvent deux Golfes en la coste, l'un proche l'autre, lesquels s'étendent environ une lieuë dans le pays, & sont larges d'une portée de canon, mais ne sont point commodes pour nos Navires.   Le fonds en est beau, & au dedans il y a quelques Bourgs habitez.

A huit lieües de ce Havre de Quotimony vers l'Est, gît une grande & haute isle, tout joignant laquelle, du costé du Sudouest, se voyent trois ou quatre autres petites isles.   Elle est distante huit lieües du pays, & est fort éloignée des autres isles.   Du costé du Nordest elle a deux Golfes fort proches l'un de l'autre, dont celuy du Nordest est le meilleur pour estre à l'abry des vents, ayant un fort bon fonds.   Ils s'étendent une bonne demie lieuë en dedans, & là se trouve de fort bonne eau fraische.   Il y a une baye de sable, là où on peut mener les Navires pour les racommoder s'il est besoin.   Le nom de cette isle est *Lanquin*, le fonds y est beau tout autour.   Il faut prendre garde de ne pas dresser son cours entre ladite isle & les petites isles.

A cinq lieües de Lanquin, Nord Nordest, se trouvent plusieurs autres isles, grandes & petites, proche les unes des autres, quelques-unes ont des arbres, lesquelles s'étendent le long de la coste pendant dix lieües, les canaux qui font entre ces ifles font profonds de trois braffes, & quelques-uns moins, fonds vafeux : vous eftes à l'abry des vents du monfon de la Chiné à l'entrée defdits canaux, fans craindre un orage : & vous n'avancerez pas du cofté de la terre depuis la premiere rangée defdites ifles, car la plus haute profondeur qu'on y trouve, n'eft que de deux braffes. Du cofté du Nordeft, en dedans ces mefmes ifles, il y a deux autres ifles le long du pays, lefquelles s'eftendent Nordeft & Sudoueft, dont celle qui eft du cofté du Sudoueft eft plus grande & plus haute que l'autre qui eft plus proche de terre. Le canal qui eft entre deux eft de bonne profondeur, fonds vafeux, du cofté du Nordeft, il eft pierreux à l'iffue, & fi on trouve diverfes petites ifles & écueils. Les courants d'eau & les vents du monfon y font violents. A une lieüe & demie de cette deuxiéme ifle vers l'Eft, la mer eft belle & profonde, mais il y a du danger à paffer entre ces deux ifles avec de grands Navires.

Vis-à-vis de ces ifles eft le Havre nommé *Huncon*, & les ifles nommées *Lyon*, lefquelles s'étendent jufques à trois lieües pres la pointe de Sumbor. Six lieües avant que d'arriver à ladite pointe, fe trouve une ifle de couleur rouge, ayant deux hautes montagnes montrant la forme de deux hommes, & un valon au milieu, laquelle s'étend Nordoueft & Sudeft : au Sudeft s'y trouve un bon Havre contre les vents de la Chine. Cette ifle fert de marque pour ceux qui viennent du Japon : cette pointe de Sumbor eft un pays élevé s'étendant bien avant en mer. Tout au bout de cette pointe au Sudoueft, il y a une longue & haute ifle, & au Nordeft un écueil : le canal qui eft entre la terre & cét écueil, eft fort eftroit, neantmoins les Barques du pays y paffent, en dedans il y a un Golfe qui a quatre lieües de circuit. A deux lieües de la pointe au Sudoueft, il y a deux ou trois petites ifles, en dehors defquelles il y a un bon fonds : mais depuis lefdites ifles jufques à ladite pointe & dans ledit Golfe il y a manque de profondeur, de forte qu'à baffe marée le fonds qui eſt vaſeux y demeure découvert aux plus hauts endroits. Au deſſus de ladite pointe du coſté du Sudoueſt il y a un grand Bourg habité, & s’y trouvent de grandes Barques. Au Nordeſt de la meſme pointe, il y a un Golfe qui s’étend dans le pays. Cette pointe de Sumbor eſt à la hauteur de 28 degrez & un quart.

A quatre lieües de cette pointe allant vers la pleine mer, vers l’Eſt Nordeſt, il y a deux autres iſles ſans arbres, la premiere deſquelles s’étend Eſt & Oueſt, à l’Eſt de laquelle l’autre commence, laquelle s’étend Nord & Sud. Le canal qui eſt entre deux eſt large de la portée d’un canon, ayant un bon fonds. La ſuſdite premiere iſle du coſté de l’Eſt a une pointe qui s’étend vers le Nord, avec un Golfe de la profondeur de cinq & ſix braſſes, là où on eſt à l’abry de tous vents, excepté du Nordoueſt. Pres de la pointe Occidentale de l’iſle qui eſt du coſté du Nord, il y a deux iſles de meſme rang, l’une grande & l’autre petite & longue, entre leſquelles & la precedente on peut paſſer avec de petits Navires, & il y a bon fonds autour de ces iſles, & s’y trouve de l’eau fraiſche : leur nom eſt *Timbalam.* A deux lieües deſdites iſles vers le Nord, ſe voyent deux autres petites iſles, qui s’étendent Eſt Sudeſt, & Oueſt Nordoueſt, dont l’une eſt plus longue & grande que l’autre : le canal qui eſt entre deux eſt plus large, il eſt aſſez profonds, & ſert d’abry contre les vents de Nord, Nordeſt & Sudoueſt.

Depuis la pointe de Sumbor juſques à Lyampo, le cours eſt en dehors deſdites iſles, Nord, Nordeſt, & Sud Sudoueſt. A ſix lieües de la meſme pointe le long de la coſte, ſe voit dans le pays un haut rocher, appellé *o capello del Frade*, à ſix lieües duquel, git le havre de Chapoſy, qui eſt l’emboucheure d’une riviere d’eau douce, le long de laquelle il y a une ville, là où ſe tient l’armée navalle pour la garde de la coſte. Pres de ce Havre on voit flotter en mer quelques roſeaux, & branches de couleur rouge, provenant de ladite riviere. A deux lieües de ce Havre, à l’Eſt Sudoueſt vers la pleine mer, il y a deux petites & hautes isles, proche l'une de l'autre, sans arbres ny bruyeres, autour desquelles on trouve la profondeur de vingt brasses, fonds vaseux. A demie lieüe de ladite emboucheure vers le Sud, git une longue isle de mesme étendue que la coste. Entre ladite isle & le pays le fonds est vaseux de la profondeur de trois brasses, du costé du Sud elle a bonne profondeur à l'entrée, mais non du costé qu'elle regarde le pays.

A vingt lieües de Chapofy le long de la coste, vous venez aux isles de Lyampo, là où les Portugais avoient leur commerce. Ces isles sont autrement appellées *Syongicam*. Lyampo est le nom de la coste Maritime, qui est un pays haut. Du commencement vous y trouverez peu d'isles: mais venant plus avant, on en découvre une rangée, dont la derniere qui est du costé de la pleine mer, est fort grande, ayant des hautes montagnes & golfes, dont le principal est du costé du Ouest, au milieu duquel se voit une petite isle haute, entre laquelle & le rivage il y a une rade où on est à l'abry des vents du Sud & Sudouest. L'entrée est de cinq brasses de profondeur, mais si estroite, que les grands Navires ne s'y peuvent tourner : tout autour de cette isle le fonds est beau & net. A deux lieües de ladite isle au Ouest Nordouest, git une autre grande & haute isle, laquelle a un bel havre du costé du Sud Sudouest, où on est à couvert des vents de Nord & Nordest. De ce mesme costé se trouve de l'eau fraifche, & l'air y est meilleur qu'en l'autre isle. Le canal qui est entre deux est profond de trente-cinq brasses, & en la rade il y a autant de fonds qu'on peut desirer. Depuis ladite isle qui est du costé du Nord jusques à terre, il y a environ trois lieües, & entre deux, se voyent quelques petites isles. Venant au pays, vous trouverez au Ouest Nordouest un petit Golfe, nommé *Camocon·* D'icy on prend la route du Havre & emboucheure de la riviere de Tinay en la coste à cinq lieües de ladite isle, à l'entrée de laquelle on trouve quatre brasses de profondeur sans aucun banc. Les deux susdites isles de Syongicam font fous la hauteur de vingt-neuf degrez & deux tiers, & s'étendent jufques au trente-un degrez, Le canal qui eft entre deux n'eft pas net, car en quelques endroits s'y trouvent des écueils & baffes, cachées fous l'eau, les courants d'eau y font encore fort rapides, ainfi il faut dreffer fon cours de travers quand tels courants viennent des canaux & paffages: il eft neceffaire d'avoir quelqu'un qui aye connoiffance de ces ifles, fi on pretend y paffer en dehors, le fonds eft par tout beau & net.

Partant de la fufdite rade de l'ifle qui fert d'abry contre les vents du Sud, dreffant voftre cours vers la pleine mer, vous coftoyerez ladite ifle de plus pres que vous pourrez. Avant que venir à la pointe de ladite ifle qui s'eftend vers l'Eft, vous trouverez une petite, baffe & longue ifle, ayant un petit golfe au milieu, dont le dedans eft de pierre de roche. Au pied de ce rocher il y a vingt braffes de profondeur. Cette petite ifle eft diftante de la grande environ de la portée du canon: vous la laifferez du cofté du Nord, & vous vous tiendrez le plus pres que vous pourrez de la grande, car ledit golfe attire l'eau de fon cofté, de forte, que fi vous en eftes pres, vous vous y trouverrez porté dedans, d'où vous pourrez fortir fans danger.

A demie lieüe de cette ifle vers le Nord, commence une autre grande & haute ifle, laquelle s'étend de l'autre cofté vers l'Eft, faifant un canal entre deux qui a fon cours vers la pleine mer, lequel depuis la mer en dehors jufques à la fufdite petite ifle, eft beau & net. Depuis la mer vers la pointe de l'autre ifle qui eft du cofté du Nord, & depuis les deux fufdites ifles vers l'Oueft, qui eft un grand efpace, il y a beaucoup de baffes & écueils cachez fous l'eau, qui s'eftendent jufques au canal de l'ifle, où on a accouftumé de paffer l'hyver pour eftre à l'abry des vents du Nord, le long des ifles qui font du cofté du pays. Quand on vient de l'ifle qui eft du cofté du Sud pour aller vers la mer, il faut dreffer fon cours plus pres de ladite ifle qu’il se peut jusques à ladite pointe qui est en la mesme isle.

Depuis la susdite isle où les Navires passent l’hyver durant les vents du Nord, il y a un canal qui s’estend Nord Nordest entre les isles, laissant les unes du costé de terre, & les autres du costé de la mer, lequel canal se voit à découvert. A cinq lieües de ladite isle sur la mesme estenduë commence une autre grande & haute isle, ayant cinq lieües de longueur sur la mesme estenduë du Nord Nordouest, & Sud Sudouest, laquelle est habitée par un tres-méchant peuple. Depuis la pointe Meridionale de ladite isle à la portée du mousquet vers l’Est, il y a un écueil caché sous l’eau, là où se perdit un Navire Portugais chargé de poivre & autres espiceries. Pour l’éviter, il faut que ceux qui veulent passer par ledit canal, dressent toûjours leur cours tout joignant l’isle qui est du costé d’Ouest. A trois lieües de la pointe de cette grande isle, vers le Nordest, il y a encore une autre grande & haute isle, qui est l’une de celles qui s’estendent vers la pleine mer tout d’une rangée là où il y a un Temple des Chinois fort somptueusement basty, appellé des Portugais *a ilha del Varella*, autrement *l’isle du signal*. Avant que d’y venir, on laisse du costé du pays deux ou trois petites isles, & la grande isle qui est longue de cinq lieües, s’estend depuis le derriere de ces isles du costé du pays, & depuis lesdites isles vers la pleine mer. Depuis le susdit écueil il y a une autre grande isle qui s’estend jusques à celle de Varella. Entre lesdites deux isles il y a un petit canal, lequel est profond de trois brasses à haute marée, jusques à l’entrée de Varella, & depuis Varella en son entrée qui est du costé de l’Est vers la pleine mer, il est par tout suffisamment profond. Au pied de ladite isle de Varella, là où est l’entrée du canal, il y a un golfe avec une baye de sable, qui est une bonne rade. Depuis la pointe Meridionale de cette mesme isle vers la pleine mer, il y a trois petites isles proche l’une de l’autre tout d’une rangée, dont l’estenduë est Est & Ouest, lesquelles portent auſſi le nom de Varella, pres deſquelles ſe trouve un canal. Cette iſle de Varella, où ſe trouve le ſuſdit Temple, git à la hauteur de trente degrez tout au moins, & eſt diſtante de neuf lieües des iſles de Siongicam.

A douze lieües des iſles de Siongicam, il y a grande quantité de grandes & hautes iſles, fort proches les unes des autres : mais depuis là juſques à la hauteur de treize degrez, elles commencent à eſtre moindres & en plus petit nombre, & plus écartées les unes des autres. Au bout deſdites iſles, il y en a deux proche l'une de l'autre, entre leſquelles il y a un canal nommé *Lepion*, qui a une fort bonne rade : elles ſont pres de l'emboucheure d'une grande riviere, habitée de beaucop de gens, & où il y a grand commerce. Depuis le bout de ces iſles, le pays eſt bas le long de la coſte, & il y a pluſieurs bancs, dont le fonds eſt pierreux. Ceux du pays vont & viennent avec des Barques cloüées, dont le deſſus qui les couvre eſt enduit de poix, équipées de deux fuſils & d'un croc à dents aiguës, ſe ſervant de voiles faites avec des roſeaux. Cette coſte s'eſtend au Nord juſques à la hauteur de trente-quatre degrez, là où ſe trouve l'emboucheure d'une riviere qui vient de Nanquin, en laquelle il y a une iſle bien habitée, laquelle fait double emboucheure. Depuis le pays s'eſtend vers le Nord Nordeſt, puis au Sudeſt, faiſant par ce moyen une pointe, & au dedans un grand ſein. Depuis laquelle pointe le pays s'étend de rechef vers le Nord, tournant apres en dedans vers le Nordoueſt. Les Japonnois viennent trafiquer là avec les habitans du pays, lequel eſt appelle *Cooray*, il y a des havres & des lieux de retraite : on y vend des ouvrages faits à la navette, que les Japonnois y apportent.

A deux lieües de cette pointe du Golfe de Nanquin vers le Sudeſt : il y a quelques iſles, il y en a une fort haute du coſté de l'Eſt, qui eſt fort peuplée : les Portugais appellent ces iſles *as ilhas del core*, & la ſuſdite grande eſt appellée *Cauſien*. Il s'y trouve un Golfe du coſté du Nordoueſt, ayant une petite iſle à l'entrée qui eſt le Havre, mais il y a peu de profondeur : le Seigneur du pays y fait ſa reſidence. A deux lieües de ladite iſle au Sudeſt eſt l'iſle de Goto, qui eſt l'une des iſles du Japon, diſtante ſoixante-cinq lieües de la pointe de Nanquin au Nordeſt vers la pleine mer. Entre ladite iſle de Goto & le pays, ſe trouvent quelques autres iſles, pres deſquelles il y a diverſes baſſes & écueils.

NAVIGATION ET COVRS DE LAMPACON
pres de Macao, en la coſte de la Chine vers le Japon, juſques à l'iſle Sirando.

ALLANT de Lampacon vers l'iſle du Japon, vous dreſſerez voſtre cours par le premier canal de l'iſle du Sud, lequel s'étend au Sudeſt, ayant une petite iſle ou un écueil à moitié chemin, entre lequel & la pointe de l'iſle vous tiendrez voſtre paſſage, à cauſe de la force du vent., approchant le plus pres que vous pourrez du bout de ladite iſle, ayant toûjours la ſonde à la main : venant à moitié chemin du canal deſdites iſles qui s'étendent vers la pleine mer, vous trouverez un banc de ſable, qui à moitié chemin a environ trois braſſes de profondeur. Vous tâcherez de paſſer une grande & haute iſle qui vous eſt Eſt Sudeſt. Ayant paſſé cette iſle, & d'autres qui ſe voyent en meſme rang vers la pleine mer, vous tiendrez voſtre cours le long des iſles qui ſont vers la mer. A deux lieües de cette iſle, vous trouverez une rangée de petites iſles qui s'avancent plus avant en mer que les autres, le long deſquelles vous allez : laquelle rangée s'étend Nord Nordoueſt, & Sud Sudoueſt, & ne la pouuez tourner, ce qui n'eſt pas neceſſaire. Vous dreſſerez voſtre cours entre cette iſle & une grande haute iſle, pleine d'arbres, qui eſt

à coſté

à costé du pays. Quand vous vous en approchez , elle semble ronde , parce que vous venez justement sur la pointe, quoy qu'elle soit longue & de mesme estenduë que la coste : quelque peu plus loin au delà , il y a un canal entre ladite isle & une autre , qui est pres de celle là , derriere laquelle vers l'Est Nordest, il y a un havre où les Navires Chinois viennent charger & décharger leurs Marchandises, qui n'est pas bien loin de l'ouverture de Lanton. La susdite isle est appellée par les Chinois *Tonquion*. De là vous prendrez la route de l'Est Nordest , pour venir reconnoistre la coste qui est entre Chinquon & Chabaquon , qui a un beau fonds & net, tenant vôtre cours à deux lieües de là , pour éviter une basse qui est tout joignant Chincheo : En cét endroit, il y a une petite isle haute & ronde fort proche de terre. Le cours de cette coste , depuis Chambaqueo à Chincheo,est Nordest & Sudouest , & Nordest quart à l'Est , & Sudouest quart à Ouest. Estant à l'endroit de Chincon , se voit à deux lieües dans la mer , une petite isle ronde & haute, appellée des Chinois *Toanthea* , & dans le pays il y a une haute montagne avec un rocher au dessus , comme Pulo Varella en la coste de Champa : En cét endroit se trouve une entrée où on passe par plusieurs isles. Estant à l'entrée de Chincheo , vous prendrez la route de l'Est Nordest jusques à ce que vous soyez à dix lieües de la coste, pour demeurer en dehors de toutes ces isles. Vous trouvant en ce quartier, vous dresserez vostre cours au Nordest , sur lequel vous découvrirez l'isle de Lequeo Pequeno, autrement la petite Lequeo, haute & longue, sous la hauteur de vingt-cinq degrez , distante de vingt lieües de la coste de la Chine. Ayant passé cette isle , & venant à la hauteur de vingt-cinq degrez & demy , si vous voulez aller vers le pays de Bungo, vous tiendrez la route du Nordest, & Est Nordest , sur lequel cours vous viendrez sur les isles qui sont du costé du Sud de l'isle de Tanaxuma, lesquelles isles commencent au vingt-sixiéme degré & demy , & s'estendent jusques au trente

& demy, en nombre de sept hautes & petites, dont les trois premieres avec un écueil, s'eſtendent Nordeſt & Sudoueſt, & Nordeſt quart au Nord, & Sudoueſt quart au Sud : & les trois autres, Eſt Nordeſt, & Oueſt Sudoueſt, & une qui eſt au bout de celles-cy, Nord & Sud. Ayant paſſé leſdites sept iſles, vous verrez à ſix lieües de là, au Nord Nordeſt, deux autres iſles, correſpondantes avec les autres, Eſt & Oueſt, dont celle qui eſt du coſté de l'Eſt eſt la moindre. Au bout Oriental de cette iſle, ſe voit une haute colline, qui va en deſcendant vers l'Eſt, faiſant une baſſe pointe : vous pouvez paſſer entre ces deux iſles ſi vous voulez, car il y a un bon canal entre deux. La plus grande, laquelle eſt haute & longue, ſe nomme *Ilou.* A quatre lieües de la pointe Orientale de ladite iſle vers le Nord, eſt celle de Tanaxuma, laquelle eſt baſſe, s'étendant Nord & Sud de la longueur de huit lieües : à moitié chemin de cette iſle du coſté de l'Eſt, il y a un havre ou petit golfe enclos de quelques écueils, mais peu commode pour s'y retirer : à une lieuë & demie de ce havre, au Oueſt Nordoueſt, git une petite iſle platte, ayant une colline au milieu. A huit lieües de Tanaxuma vers le Nord, vous verrez un grand & haut pays, qui s'eſtend dix lieües Eſt & Oueſt, c'eſt le pays du Japon. Au bout de cette coſte du coſté d'Oueſt, eſt le Golfe de Cangoxuma & le havre de Amango, au deſſus duquel ſe voit une haute montagne aiguë, & vis-à-vis de l'iſle de Tanaxuma au Nord & Nordeſt, eſt le golfe de Xebuxij qui eſt fort grand, ayant au dedans les havres de Minato, Exoima & Xabuxij, qui ſont emboucheures de trois rivieres pour des petits Navires, toutes trois du coſté de l'Eſt, à main droite, quand vous entrez dans le golfe vers l'Oueſt : ſept lieües plus avant le long de la coſte, au Nord Nordeſt, eſt le havre de Tanora qui eſt le meilleur havre de tout le Japon.

Si vous deſirez aller vers ledit havre, vous coſtoyerez la coſte de pres, car le fonds y eſt beau par tout, mais il n'y a point de rade en fonds propre à anchrer, à cauſe de

la profondeur. Ayant passé le Golfe de Xebuxij, continuant voſtre cours le long de la coſte, vous viendrez à
un petit golfe, qui d'abord ſemble eſtre une bonne retraite : mais eſtant aupres du golfe, vous découvrirez beaucoup d'écueils & rochers. Ayant paſſé ce golfe, on vient
à une grande & haute pointe de terre : depuis cette pointe, le pays tourne en dedans : en cet endroit vous verrez
un rivage de ſable, & deux petites iſles le long de ce rivage, proches l'une de l'autre, au bout deſquelles s'en
trouvent encore quelques autres, avec de grands écueils
qui s'eſtendent vers la mer.

En dedans ces petites iſles & écueils, git le havre de
Tonara : pour y venir, vous tiendrez voſtre cours vers le
bout de ces iſles & écueils : eſtant à l'endroit de ce bout,
vous avez du coſté de la mer au Nordeſt, une autre petite iſle ou écueil, en dedans duquel vous dreſſerez vôtre cours. Entre ledit écueil & le pays il y a un grand
golfe, auquel on peut anchrer à 25 braſſes s'il eſt beſoin :
mais ce n'eſt pas icy le vray havre. Pourtant, quand vous
avez doublé ces petites iſles & écueils, vous dreſſerez
voſtre cours le long de cét endroit, entre une pointe du
pays, laquelle eſt à la droite du coſté du Nord & ces
petites iſles, juſques dans le canal dont vous voyez l'ouverture, & n'avez rien à craindre. Ayant paſſé cette
pointe, vous verrez incontinent un golfe, qui s'eſtend
en dedans au Nord : pour lors vous coſtoyerez de pres
cette pointe, laquelle vous reſtera à main droite : vous pouvez hardiment y entrer, car la profondeur y eſt de quatre
braſſes, fonds vaſeux, & y entrerez du coſté de l'Eſt, vous
gardant du coſté d'Oueſt.

Depuis le golfe de Tonara, on tient le cours le long
de la coſte au Nord qui eſt le pays de Fyunga & Bungo.
Toute cette coſte eſt belle, & il n'y a rien à craindre que
ce qui eſt devant vous. Vingt lieües plus avant, vous
trouverez une fort grande iſle qui vous reſtera du coſté
de l'Eſt, appellée *l'iſle de Toca*, laquelle s'eſtend Eſt &
Oueſt, Nordeſt & Sudoueſt, ayant de longueur 45 lieües,

Venant jusques pres de Sacay & Meaco. La coste Meridionale de cette isle, le long de laquelle on tient la route de Sacay, est entierement nette. Entre cette isle & la coste de Bungo qui est du costé d'Ouest de cette isle, il y a un destroit ou passage large de cinq lieües : celuy qui veut aller à Bungo, doit toûjours tenir le long de la coste de Tanora & Fyunga, se gardant de la coste de Toca.

Retournant au pays qui git à la hauteur de 25 degrez & demy, quand on a passé Lequeo Piqueno, comme il a esté dit : si vous desirez faira voile vers l'isle de Firando, vous irez de là sur le mesme cours de Nordest, Est Nordest, jusques à la hauteur de 28 degrez & un quart, là vous vous trouverez au Nordest, sur lequel cours vous descouvrirez deux petites isles longues de peu d'apparence, correspondantes Nord. & Sud avec les autres, lesquelles ont du costé du Sud deux islets ou escueils, distans demie lieüe l'un de l'autre, les deux susdites isles sont à la hauteur de trente-un degrez & un quart. A quatre lieües de ces isles au Nordest, git une autre petite isle ou escueil, ayant quatre ou cinq rochers élevez en pointe. Vous trouvant à l'endroit de ces isles, vous estes encore à onze lieües de la coste du Japon au Ouest, & tenant la mesme route du Nordest, vous rencontrerez tout droit une grande & haute isle, nommée *Cojaquin*, laquelle correspond Est & Ouest avec le havre d'Ancone, distante quatre lieües de la coste, longue pareillement de quatre lieües. Au costé de l'Est vers la terre, elle a plusieurs petites isles & escueils : s'il vous arrive de vous rencontrer en dedans cette isle, estant pres la coste du Japon, en sorte que vous ne pouviez tenir vostre cours en dehors cette isle, vous passerez entre ladite isle & la terre, vous tenant en dehors de toutes les isles & escueils de la portée du canon, sans approcher trop pres de la coste, à cause d'une pointe qui est de l'autre costé au Nord. Ayant passé la longueur de l'isle, le long des petites isles & escueils, vous viendrez incontinent à louvier le long de l’iſle en dehors vers la pleine mer, en faiſant cela, vous verrez au Nord la ſuſdite pointe, pres de laquelle il y a quelques baſſes & eſcueils, & au dedans de ladite pointe au Nord, eſt le havre d’Amacuſa. Cette pointe de terre eſt à droite ligne d’une autre pointe de la ſuſdite iſle, correſpondantes Nord & Sud l’une à l’autre. Ayant paſſé cette pointe, vous tiendrez voſtre cours le long de la coſte à une lieuë pres. Cette coſte s’eſtend juſques à l’autre, Nord Nordoueſt, & Sud Sudeſt, & ſi vous tenez voſtre cours en dehors l’iſle de Cojaquin, vous prendrez le meſme chemin : ayant paſſé ladite iſle, vous irez le long de ladite pointe.

Depuis ladite pointe d’Amacuſa, pres de laquelle ſe trouvent les baſſes & eſcueils ſuſdits, quatre lieuës plus avant, la coſte a une pointe d’un pays fort élevé. Cette coſte paſſée, vous voyez une grande ouverture d’un canal appellé *o Eſtrecho d’Aryma*, dans lequel il y a deux bons havres, dont le premier eſt celuy de Xiquij qui eſt un des meilleurs havres du Japon, lequel ſe trouve à une demie lieuë de l’entrée dudit canal du coſté du Sud à main droite, tirant vers l’Oueſt au bord d’un grand golfe qui ſert d’abry contre tous vents, ayant quatre à cinq braſſes de profondeur, fonds vaſeux : au coſté du Nord de ce golfe, vers terre, git une petite iſle haute & ronde, juſques icy vous trouvez par tout beau fonds & net.

Pour parvenir à Aryma, il faut coſtoyer le pays du coſté du Nord : car du coſté du Sud, ſi-toſt que vous avez paſſé ledit golfe de Xiquij, vous trouvez deux écueils, baſſes & bancs tout au tour. Ce détroit a ſon entrée s’eſtend vers l’Eſt, puis il tourne vers le Nord le long de de la pointe du pays : en cét endroit les courants d’eau ſont ſi violans, que ſi vous n’y prenez garde, ils feront tourner & retourner voſtre Navire, ſi vous n’avez un bon vent par lequel la force des courants ſoit domptée. Ayant doublé ladite pointe, vous trouverez un fort bon havre, nommé *Cochynochy* ou *Cochinoquin*, apres le havre d’Aryma, d'où ce détroit prend son nom, distant de demie lieuë de celuy Cochinochy, lequel est mal propre pour y estre à couvert contre les vents d'Est & autres orages. Quelque peu plus avant est le havre de Simonbara, lequel a trois petites isles qui servent de defense contre les vents de Nord, mais les Navires y demeurent à sec à basse marée. En tout cét endroit il n'y a point d'autres havres qui soient assurez, & qui servent d'abry contre tous vents, sinon celuy de Xiquij & Cochinochy.

Depuis ce dérroit jusques à l'isle de Firando, il y a le long de la coste plusieurs isles & écueils & un grand golfe. Depuis l'issuë du détroit d'Aryma six lieües plus avant, se trouve une isle tout joignant la coste, nommée *Cambexyma*, grande & haute, tout joignant laquelle, du costé de la pleine mer, se voyent quatre ou cinq petites isles ou écueils: entre ladite isle & la terre, il y a une bonne rade, & en la mesme isle, se voit un grand Bourg bien habité avec un bon havre, où il y a d'ordinaire plusieurs Feustes & Barques des Pescheurs. Icy commancent les isles jusques à Fyrando.

A six lieües de Cabexima, la coste s'estend en pointe, pres de laquelle il y a diverses petites isles & écueils qui s'avancent vers la terre vers la pleine mer. Vous dresserez vostre cours vers cette pointe, tenant la route du Nord Noadouest. Depuis ladite isle de Cambexima jusques à cette pointe, le pays détourne en forme de golfe, & comme la coste du Japon ordinairement est couverte de broüillards & nuages au temps qu'on a accoustumé d'y arriver, il est difficile de bien & distinctement découvrir les diverses places & endroits de ladite coste: en ce cas vous ne tiendrez pas vostre cours le long de cette coste. En cét endroit l'aiguille varie de cinq degrez trente minuttes, de sorte que vous ferez vostre route entre le Nord quart de Nordouest & le Nord Nordouest, & vous en approchant, vous verrez en mesme temps toutes lesdites isles & écueils, dont les deux dernieres qui sont le plus avant en mer, separées des autres, sont quelque peu hautes, & plus longues que rondes, sans arbres : pres de celle qui est le plus avant en mer, il y a deux basses, dont l'une s'étend vers l'Est, & l'autre vers le Nordouest environ demie lieuë : On tient que pres celle qui est du costé de l'Est, il y a beau fonds, & du costé du Nord, il y a un endroit commode pour y estre à l'abry contre le monson des vents de Sud, de sorte qu'au besoin, vous pouvez vous y retirer. Depuis ces deux isles, du costé de la terre, se voyent deux autres petites isles ou écueils en façon de piliers : entre ces écueils & autres canaux qui se trouvent entre ces isles, les Chinois tiennent leur cours portant les Marchandises avec des Joncos & Navires à Fyrando, & au havre de Umbra. Vous laisserez neantmoins toutes ces isles & écueils du costé de l'Est, à la main droite, tenant vostre cours à demie lieuë de là en pleine mer. Estant à l'endroit de ces isles, quatre lieuës plus avant sur le mesme cours du Nord & Nordouest, se voit une autre pointe d'une isle, s'étendant au Ouest, dont le terroir est haut, & plat ou dessus : On diroit à le voir que ce seroit trois isles à cause de deux entrefentes qu'on y voit, quoy qu'en effet ce n'en soit qu'une.

A trois lieuës de ladite pointe au Ouest vers la pleine mer, vous verrez une autre petite isle ronde, pres de laquelle il y en a une autre longue, & en temps clair & serein, vous découvrez au Ouest Sudouest l'isle de Goto, laquelle est fort grande & haute, ayant plusieurs separations, le dessus du terroir entierement plat & uny.

Estant à la veuë de la susdite isle qui semble trois isles, vous dresserez vostre cours vers ladite pointe : que si la marée vous est contraire & peu de vent, vous verrez l'eau s'enfler, émouvoir & écumer pres de ladite pointe, en sorte qu'on jugeroit qu'il y a là quelque endroit peu profond sur lequel l'eau vient se rompre : neantmoins, le fonds y est beau & net par tout : ainsi, vous y pouvez passer sans crainte ny danger, vous tenant seulement quelque peu derriere la pointe. Passant de cette façon, plus avant ladite pointe, vous irez en louviant le long du cofté de ladite pointe, dreffant voftre cours vers un bon & grand golfe qui eft en cet endroit, dans lequel vous entrerez, jufques à ce que vous trouviez dix ou onze braffes de profondeur, le fonds y eft dur, & y pouuez anchrer fi vous voulez, on y eft à l'abry des vents de monfon. Là vous trouverez affez de Barques & de Fuftes qui vous meneront à Fyrando. Dedans ce golfe du cofté de l'Eft, il y a une rade propre à anchrer, avec un endroit où il y a abry de tous vents. De là à la portée du canon vers le Nordeft, il y a un autre havre qui fert auffi d'abry contre tous vents, là ou fe peut tenir plus de Navires qu'en la fufdite rade du cofté de l'Eft : ainfi fi vous vous trouvez en ce parage, & que vous craigniez quelque orage, vous pouvez hardiment vous mettre à couvert en l'un des fufdits havres, fans y rien craindre que quelques voleurs.

Depuis la fufdite ifle qui femble trois ifles, & fe nomme Faquin, vous pouvez découvrir l'ifle de Fyrando qui en eft a cinq lieües vers le Nord, il n'arrive gueres qu'on puiffe la voir à caufe du temps qui y eft ordinairement couvert. Depuis le havre où vous eftes à l'anchre, vous découvrez une petite ifle haute & ronde, pres de laquelle fe trouvent quelques écueils éloignée environ demie lieuë de la rade qui eft en ladite cofte, laquelle s'étend Nord Nordeft, Nord & Nord quart à l'Oueft. A trois lieües & demie du mefme havre, vous découvrirez une autre haute, longue & platte ifle, fenduë par le milieu, on diroit que ce font deux ifles, laquelle s'étend Eft & Oueft, A demie lieuë de cette ifle, git un grand haut & rond écueil, entre lequel & la fufdite petite ifle ronde, qui eft diftante demie lieuë du havre de la fufdite ifle, fe voir un grand golfe, & un canal par lequel on va jufques au havre de Umbra. Quand vous découvrirez l'ifle qui en femble deux, dreffez voftre cours fur ladite ifle vers la pointe de l'Eft, & vous en approchez un jet de pierre, comme auffi pres de l'écueil que vous laiffez

du cofté

du cofté de l'Eft tenant voftre cours en dedans : pour lors vous découvrirez une longue terre , c'eft la cofte qui fait le détroit ou canal entre la terre & l'ifle de Fyrando, vous vous garderez de toute la terre qui vous refte du cofté de l'Eft, car le fonds y eft mauvais.

Ayant paffé l'ifle de Caroxima, la laiffant du cofté du Oueft, vous verrez à un jet de pierre du bout de ladite ifle deux petites ifles, dont celle qui eft du cofté d'Oueft eft longue, l'autre que vous laiffez devant vous en dehors eft petite & ronde, ayant un écueil, duquel vous devez prendre garde : apres vous verrez deux autres efcueils, lefquels vous laifferez du cofté d'Oueft : vous trouvant en ce parage, vous découvrirez l'ifle de Fyrando devant vous. Eftant à deux lieües de là , vous pouvez hardiment prendre voftre cours vers ladite ifle fans rien craindre, car le fonds y eft beau par tout. Vous trouverez pres defdites petites ifles & écueils fufdits , certains petits canaux lefquels vous efviterez , vous tenant le plus pres que vous pourrez de l'ifle de Fyrando, laquelle vous laiffez du cofté d'Oueft qui eft grande & longue, en laquelle du cofté que vous en approchez, vous voyez une haute colline au milieu d'une pointe de ladite ifle. Eftant tout pres de cette ifle, vous tiendrez voftre cours le long de ladite ifle : là vous verrez une ouverture, s'eftendant en dedans comme l'embouchcure d'une riviere : vous pafferez environ à une lieuë de là, où vous trouverez un golfe ou baye nommée *Cochin*, là où vous entrerez jufques à la profondeur de douze braffes , & y jetterez l'anchre, quoy que vous y demeuriez à découvert contre les vents de Sud , neantmoins l'eau n'y eft pas enflée. Eftant là, vous recouvrerez au Bourg qui eft proche, des Fuftes ou Barques pour vous conduire au havre qui eft quelque peu plus avant : car l'entrée dudit havre eft dangereufe à caufe des courants d'eau qui prennent là leur cours. Que fi vous voulez faire voile dans ledit havre, il le faut faire à haute marée : car à l'entrée le vent y est fort violent pour y entrer, & quand la marée commence à s'abaisser, donnez ordre à vous y faire conduire, & par ce moyen vous dressez voftre cours le long de l'ifle comme il a efté dit.

Quand vous aurez passé le golfe de Cochin jufques à la premiere pointe que vous rencontrerez, au bout de laquelle il y a deux petits écueils qui s'eftendent au Nord, vous vous en approcherez pour arriver plus aifement audit havre : pour lors dans le moment, vous découvrirez devant vous du cofté de Fyrando une haute ifle pleine d'arbres fur la pointe Occidentale, vous prendrez en mefme temps vôtre cours jufques à ce que vous la voyez à découvert. Pour lors vous découvrirez en dedans le fufdit bout du Bourg, alors vous continuërez voftre cours en louviant vis-à-vis de ladite ifle vers la cofte du Sud à la main gauche : là fe voit une petite & baffe pointe de l'ifle venant du cofté d'une haute colline. Depuis ladite pointe, un banc ou feche vient à s'eftendre en mer : c'eft pourquoy vous approcherez de pres le cofté des maifons de ladite pointe pour vous tenir hors des courants, n'eftant pas en cét endroit en temps calme, vous pouvez anchrer, & de là vous faire conduire au havre en des petites Barques ou avec l'Efquif, l'entrée de ce havre tend au Oueft & Oueft-Sudoueft.

Tout le raifonnement qui a efté fait cy-deffus, fe détermine en ce que lors que vous approchez de la cofte du Japon, vous laifferez du cofté de l'Eft à main droite, toutes les ifles qui font le long de la cofte, & tiendrez voftre cours en dehors, & quand aux ifles qui font derriere vers la pleine mer, à fçavoir les ifles du Japon & l'ifle de Caroxima, & deux petites ifles avec deux écueils, en tout en nombre de fept, vous les laifferez à gauche du cofté du Oueft. Tenant ce cours, vous viendrez juftement fur l'ifle de Fyrando,

DESCRIPTION DE LA NAVIGATION
& cours du haure de Macao, le long de la coste de la Chine vers l'isle de Fyrando & autres isles circonuoisines, jusques au haure de Umbra en la coste du Japon.

EN louviant vous ne pouvez éviter un écueil qui se voit de Macao, ayant la forme d'un voile, lequel vous éviterez, laissans l'isle de Lanton à costé, vous pouvez incontinent dresser vostre cours là où vous voulez aller, car il fait beau par tout sans qu'il y ait rien à craindre. Estant hors des isles, vous prendrez la route de l'isle nommée *ilhea branco*, autrement *l'isle blanche*, qui est un écueil, tenant vôtre cours Est Nordest, jusques à l'isle de Lamon : & quoy que vous ayez fort bon vent, partant de ladite isle au soir, vous ne verrez pas l'isle de ilhea branco que le lendemain. Estant à l'endroit de ladite isle, vous verrez en terre ferme un grand & haut pays, ayant au milieu une colline ronde en façon d'un pain. La profondeur qui se trouve là tout au long à deux lieües pres, est de 30 & 35 brasses fonds de sable. Depuis ladite isle blanche jusques à Lamon, se trouvent plusieurs & diverses isles le long de la coste. A douze lieües de Lamon & à huit de terre ferme, la profondeur est de 27 & 28 brasses, fonds de menu sable noir, meslé de petites coquilles. Estant en ce quartier, si vous ne voyez point de terre, vous ne resterez pas de poursuivre voltre route de l'Est Nordest : car ayant la profondeur, vous pouvez aller librement sans estre en danger de rencontrer la basse de l'isle de Lamon, & quand bien vous ne verriez point la terre, vous pouvez bien sçavoir par le fonds & par la profondeur, l'endroit où vous estes : car depuis l'isle de Lamon jusques à Macao, la profondeur est de 25 à 28 brasses, & aux environs de Lamon, le fonds est de menu sable blanc meslé de noir, & si passant par cet endroit le temps estoit sombre & couvert, il faudra tenir ladite route d'Est Nordest, car c'est le meilleur chemin, lors que vous jugez estre pres de ladite isle de Lamon, trouvant la profondeur de quinze & seize brasses, c'est signe que vous estes bien avant en p'eine mer : car en cet endroit, les courants ont leur cours fort rapide vers l'Est Sudest, c'est pourquoy vous tiendrez alors la route du Nordest pour gagner le droit cours.

Sur cette route de l'Est Nordest en la profondeur de 25 ou 28 brasses fonds de sable, vous estes au chemin du milieu du canal. Ayant passé l'isle de Lamon allant à Chincon on a les vents favorables, & si on a le vent de monson, on ne manquera pas le jour suivant à découvrir la terre de deux costez, derriere vous la pointe de l'isle de Lequeo Pequeno, & le commencement de l'isle *ilha Formosa*, autrement *belle isle*, & de l'autre costé la forme d'une pointe qui neantmoins ne l'est pas, l'isle *a ilha dos Cauallos*, autrement *l'isle des Cheuaux*, laquelle est fort haute, & git à la hauteur de vingt-cinq degrez & demy à l'un des costez de laquelle, quatre ou cinq lieües en pleine mer, est l'isle de Baoxin, laquelle venant à découvrir, vous prendrez la route du Nordest qui est un bon cours pour naviger en dehors toutes les isles : car depuis l'isle des Chevaux jusques au cap de Sumbor il y a beaucoup d'isles qui s'estendent en mer : pourtant ce cours est le meilleur pour aller au cap de Sumbor qui est éloigné de dix lieües desdites isles.

Estant en ce quartier vous continuerez la route du Nordest pour venir reconnoistre l'isle de Puloma ou Mexuma, ou l'isle de Quoto, car ce cours est bon pour les vents de monson, ou s'il arrive quelque tempeste ou vent contraire que vous ne pussiez tenir le droit chemin, vous vous reglerez de telle façon que vous puissiez reconnoistre quelqu'une desdites isles. Ladite isle de Puloma respond à celle de Quoto Nordest, & Sud Sudouest, de laquelle elle est distante de douze lieües, & est divisée en quatre ou cinq parties, ayant plusieurs bouts & ouvertures tout au tour.

Depuis ladite isle jusques au havre de Umbra, ou à l'isle de Fyrando, il faut continuer la precedente route du Nordest : ainsi vous viendrez à découvrir le pays qui est au dessous de Umbra, lequel est fort haut, ayant le long de la coste plusieurs petites isles, entre lesquelles se voyent deux écueils, aigus comme pointe de diamans : de là jusques à Umbra il y a sept lieuës. Estant en ce quartier, environ une lieuë pres de terre, vous dresserez vostre cours vers le Nord le long de la coste ; vous verrez là une pointe à main droite, & deux isles s'estendans depuis ladite pointe vers la pleine mer, pres de là est l'entrée de Umbra : car depuis ladite pointe en dedans, le cours vers Umbra est Nordest. Sur cette pointe se voyent trois Pins, estant à l'endroit de ladite pointe, vous y verrez du costé de la mer à main gauche, une petite isle avec un écueil rond, en dedans lequel tenant vostre cours, vous verrez droit vers le pays d'Umbra.

Vous verrez une petite isle ou écueil en mer fort droit, & vous verrez aussi du costé du pays, beaucoup d'herbes flotantes sur l'eau : vous laisserez ledit écueil à main gauche, dressant vostre cours vers ledit écueil & la terre, car la largeur y est pres de demie lieuë. Depuis ledit écueil jusques à l'entrée du canal, il y a deux lieües sur le cours de Nordest, sur lequel cours, vous verrez en mesme temps ladite entrée qui est fort large. Depuis ledit écueil se trouve une basse de pierre qui s'étend jusques à la bouche de ladite entrée, laquelle en quelques endroits paroist au dessus de l'eau : entre cette basse & la terre qui est à main droite, la profondeur est de 15 & 18 brasses, fonds vaseux ; vous pouvez hardiment entrer dans ledit canal sans rien craindre, car l'entrée est bonne. Y estant & découvrant l'emboucheure d'une riviere, vous dresserez vostre cours à la main droite : tenant ce cours, vous découvrirez incontinent une petite isle, sur laquelle se voit une Croix, & quoy que vous ne voyez pas l'entrée, vous ne resterez pas d'aller vers cette petite isle qui est ronde : car estant à l'endroit de cette isle vous verrez incontinant la rade où sont les Navires : vous y verrez aussi une Eglise de Portugais sur terre. Estant dans ce canal, vous dresserez vostre cours au Sud environ la portée du canon, là où vous pouvez anchrer sur la profondeur de dix brasses en fonds bourbeux, qui est fort bon. Vous donnerez ordre que vostre Navire soit bien lié du costé du Nordest & Sud Sudouest, & apres quand le vent souffle, vous luy tournerez la prouë, tenant le Navire fortement anchré à cause qu'il est estroit : neantmoins vous n'avez rien à craindre quoy que le vent soit violent.

Je vous avertis de rechef, que si en venant du cap de Sumbor de la coste de la Chine pour aller en Japon, vous ne voyez pas les susdites isles, vous ne restiez pas de tenir la route du Nordest, jusques à ce que vous arriviez à la coste du Japon : car quoy que vous veniez à tomber pres du havre d'Aryma qui est à treize lieuës d'Umbra, il n'importe, car il y a en ce pays de fort bons havres. Pres dudit havre d'Aryma, quelque peu plus vers le Nord que vers le Sud, est l'isle de Cabexuma, laquelle a en dedans un fort bon havre, là où l'on peut seurement estre à l'anchre & y negocier : que si vous desirez passer de là en dedans, vous dresserez vostre cours Nord Nordest, & par ce moyen vous viendrez pres du havre de Cochinochy au Royaume d'Aryma : n'allant pas à Cabexuma, vous costoyerez terre vers le Nord l'espace de huit lieües, & par ce moyen vous viendrez à l'endroit de Cochinochy, qui est un meilleur havre que celuy d'Umbra, car les Navires y peuvent anchrer à leur volonté, & là viennent plusieurs Barques & Esquifs pour vous mener dedans, & vous n'avez rien à craindre pour le golfe d'Aryma, vis-à-vis de Cochinochy est le havre d'Oxu, qui est aussi un fort bon havre, appartenant au Roy de Bungo, là vous pouvez seurement negocier.

Vous n'avez aussi rien à craindre pour l'entrée d'Aryma, on y peut estre en seureté comme aux autres haures,

& là viennent plusieurs Barques & Fustes pour vous conduire là où vous voulez, & vous rendre tel service que vous desirez. Il n'y a aussi rien à craindre tout le long de la coste de la Chine, il y fait par tout beau & net, vous tenant en dehors de toutes les isles: car si vous entrez en dedans, vous aurez de la peine d'en sortir; le plus seur est de vous tenir en dehors, prenant vostre cours le long desdites isles sans rien craindre, car il y fait beau & net par tout, soit que vous alliez vers l'isle de Fyrando, ou au havre d'Umbra, il y a seulement un rocher aigu pres de Fyrando. Le pays de Fyrando est aisé à connoistre de loin, car il est haut, & s'estend Est Nordest, & Ouest Sudouest, & il y a à moitié chemin plusieurs petites isles & canaux par lesquels on peut aller d'un costé à l'autre: mais si on veut aller de Cabexuma à Umbra, il faut toûjours costoyer pres la terre, car en l'isle appellée *l'isle du Diamant*, ou *l'isle aiguë*, il y a un autre fort bon havre, duquel à mesme temps que vous en approchez, diverses Barques & Fustes se presentent pour vous recevoir & vous y conduire.

DESCRIPTION DV VOYAGE DE MACAO en Japon & en l'isle de Cabexuma, jusques au Havre de Languasaque.

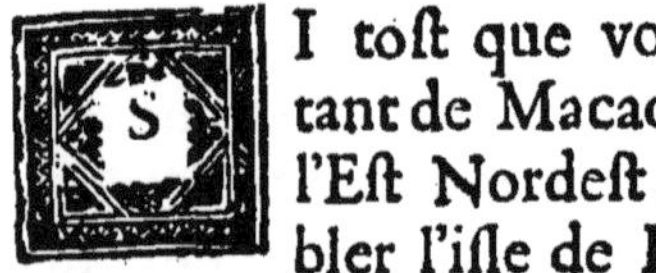

S I tost que vous avez passé l'isle de Leme, sortant de Macao, vous dresserez vostre cours vers l'Est Nordest, ce faisant vous viendrez à doubler l'isle de Lamon, & s'il faisoit nuit, vous jetterez la sonde, & trouvant 22 & 23 brasses de profondeur, avec quelques petites coquilles & du sable noir au fonds, pour lors vous estes droit vis-à-vis de la basse, & quand vous l'avez passée, vous trouvez de menu sable blanc: alors vous tenez la route du Nordest & Est Nordest. Vous devez vous donner de garde, tant qu'il vous sera possible de Chinchon, car le meilleur chemin, est

d'aller par le milieu du canal auſſi loin de l'iſle des Pê-
cheurs que de la coſte de Chinchen, que ſi vous approchez plus pres de ladite iſle des Peſcheurs, vous trouuerez moins de profondeur, ainſi vous vous tiendrez ſur
vos gardes.

Si en ce pays les courants des vents appelez *Tuſſon*
ſoufflent vers le Nordeſt, vous dreſſerez voſtre cours vers
la pleine mer, vous éloignant le plus qu'il vous ſera poſſible de la coſte, & afin que vous ne ſoyez pas chaſſé ſur
la coſte, il eſt beſoin de baiſſer tous les voiles, & nauiger tout doucement juſques à ce que le vent ſoit Sud,
alors reprenez voſtre route. Ce mot de *Tuſſon* en langue
Chinoiſe, ſignifie tourmente ou mauuais temps, tel qu'ordinairement on rencontre allant de la Chine au Japon:
ce ſont vents fort violents venant de quelque pointe,
ſoufflant continuellement, en tout l'Orient il n'y en a
pas de plus rudes, ſur quoy ceux qui font ce voyage ſe
doiuent bien tenir ſur leurs gardes pour n'eſtre pas ſurpris
deſdits vents, à cauſe du grand danger qu'il y a de faire
naufrage.

Eſtant à l'endroit de ilha Formoſa, prenez ſa route du
Nordeſt, pour arriuer au détroit d'Aryma qui eſt un bon
paſſage. Si-toſt que vous commencez à prendre fonds,
& que vous trouuez 75 braſſes de profondeur, vous viendrez droit au milieu de la terre de Meaxuma, & ayant
moins de profondeur, le chemin eſt mauuais : il faudra
de toute neceſſité redreſſer voſtre cours pour retrouuer le
droit chemin : le meilleur eſt celuy auquel vous décou-
urez l'iſle ſainte Claire, qui eſt une petite iſle, ayant du
coſté du Nordeſt deux ou trois écueils, & un peu plus
auant l'iſle de Cojaquin, qui eſt grande, & diuiſée en
trois parts, & de ce coſté il n'y a à craindre que deux ou
trois écueils qui ſont le long de l'iſle, leſquels on peut ai-
ſement découurir par les vagues qui s'y viennent rompre :
vous dreſſerez voſtre cours le long de là, laiſſant les ſuf-
dits écueils à coſté, à la portée du canon. Si-toſt que
vous les auez paſſez, louuiez autant qu'il vous eſt poſſible

vers

vers la pleine mer, afin d'éviter trois petites isles ou écueils qui sont de l'autre costé vers un pays haut éleué: car entre lesdits ecueils se trouuent plusieurs basses ; à moitié chemin dudit pays est le haure d'Amacusa, qui est fort bon, là où commence le golfe d'Arynia, de là vous verrez incontinent au Nord Nordouest l'isle de Cabexuma.

Estant à l'endroit de Cabexuma, vous verrez plus auant six petites isles ou écueils, pres desquels vous passerez du costé de la pleine mer. Vous les découvrirez incontinent vers l'Est, & Est Nordest, pres de l'isle appellee *Ilhea dos Cauallos*, laquelle a du costé de la mer une haute colline, & de l'autre costé, vers l'isle de Fyrando, il y a deux écueils le long de la coste, qui montrent comme deux Navires faisant voile : Pareillement quelque peu plus auant, se trouuent deux autres basses isles, appellées *as ilhas das Restingas*, autrement, *les isles des Basses*. Venant vers la pleine mer, auant que d'entrer dans le havre, s'il vous est necessaire d'anchrer estant pres des susdits écueils, vous vous asseurerez de bons cables de peur de perdre quelques anchres, à cause du fonds qui est profond & tranchant: Estant à l'endroit des susdites six ou sept isletes ou écueils, dressez vostre cours droit sur l'isle des Cheuaux, pres de laquelle, au dedans de la pointe, le long de ladite isle, vous découvrirez un banc hors de l'eau: toutes les autres isletes & écueils que vous voyez vous restent à main gauche du costé de l'isle de Facunda, & tiendrez ainsi vostre cours jusques au havre Languasaque, sans rien craindre que ce que vous voyez devant vos yeux, car le fonds y est tel qu'en la coste d'Espagne.

COMMENT ON CONNOIST L'ISLE DE Meaxuma, & quel cours il faut tenir pour entrer au haure de Languasaque au pays du Iapon.

PREMIEREMENT, quand on trouue la profondeur de quinze brasses, il faut tendre vers le milieu de l'isle, & découvrant le pays sur cette profondeur, on le verra haut & droit, ayant au plus haut deux collines ou montagnes comme deux mammelles, & si-tost qu'on en approche, on voit un autre long pays plat, & uny au dessus, & entre deux se voyent deux grands & diuers autres petits écueils en forme d'orgues, qui se voyent quand on est enuiron à deux lieües. Au bout du Sudouest de cette isle il y a un autre écueil, & un autre caché sous l'eau, quelque peu plus auant vers la pleine mer, sur lequel l'eau vient se rompre. Au bout du Nordest, se trouve encore une autre isle ou écueil. Venant pres du Japon, & trouvant plus grande profondeur qu'il n'a este dit, si vous voyez quelque terre, ce n'est pas l'isle de Meaxuma, mais celle de sainte Claire: trouuant moindre profondeur que 70 brasses, la terre que vous voyez à main droite, c'est Meaxuma, laquelle git à la hauteur de 31 degrez & deux tiers; celuy qui desire d'aller vers le havre de Languasaque, passant à l'Est à deux lieües de ladite isle, tiendra la route du Nordest & Est Nordest, apres on vient à l'isle de Cabexuma, & on voit les montagnes d'Amacusa, & quelques écueils vis-à-vis de Cabexuma.

Si on veut estre à Languasaque, il faudra dresser son cours le long desdites isles ou écueils vers la pleine mer, les ayant passez, on verra incontinent la pointe de l'isle des Cheuaux, sur le bout du Nordouest de laquelle se voyent quelques Pins, il faut tendre vers cette pointe, & se trouuant en cét endroit, on ne s'y auancera pas incontinent en louviant à cause des trauerses de pluyes qui en cette saison, viennent ordinairement de l'isle de Caffury. Quand ces pluyes arriuent, il faut louuier autant qu'il est possible pour venir au milieu du haure : estant à moitié chemin, vous pouuez hardiment y dresser vostre cours sans rien craindre.

A l'entrée vous verrez l'eau se rompre sur un écueil plat, lequel git aussi loin qu'à moitié chemin du bout de l'isle des Chevaux, n'ayant en cette entrée autre chose à faire qu'à tenir le chemin du milieu jusques à la rade que vous voyez, moüillant l'anchre à la profondeur de quatre ou cinq brasses à l'endroit d'un arbre qui est vis-à-vis de la principale Eglise, auquel endroit il y fait bon anchrer : estant tout pres de la pointe qui s'estend vers ladite Eglise, vous vous tiendrez quelque peu à la main gauche pour éuiter une basse qui vient du costé de ladite pointe.

Venant de nuit pres desdits écueils, si vous voulez y anchrer sur la profondeur de quarante brasses, craignans un vent d'Est, vous ferez mieux de tenir vostre cours entre les susdits écueils & l'isle de Cabexuma, & quelques autres petites isles qui sont au mesme rang que les isles des Cheuaux, là où vous trouverez un fort bon & large canal, profond de vingt brasses, & où on peut aller en louuiant d'un costé & d'autre comme on veut, & y anchrer à quinze brasses en un fonds plat & uny, pres l'isle de Caffury, y demeurant à couvert depuis le Nordest jusques au Sud Sudest, pour entrer le lendemain au canal qui est entre les isles des Cheuaux & celle de Caffury, qui est un fort bon canal, profond de six brasses. Vous n'auez qu'à tenir vostre cours droit au milieu, & pour estre plus asseuré, vous n'auez qu'à enuoyer un Esquif ou petit Bateau deuant, pour tenir à l'endroit le plus estroit, afin de vous y seruir de marque,

X ij

ROVTE QVE FONT LES PILOTES DE PROVENCE
pour aller aux Indes Orientales.

ILS vont se rendre à Alexandrete, de là à Alep & à Bir, où ils se mettent sur l'Euphrate pour aller à Bagdahg & à Balsora dans la mer Delcatif: de là, ils prennent les routes ordinaires pour les Indes.

Quand ils veulent aller à la Chine, ils se trouuent à Alep à la fin d'Aoust, pour y prendre en Septembre la commodité des Carauanes qui les meinent à Balsora, & de là à Gombru. En Januier & Feurier les vents y sont bons pour aller à Surate, où on prend la terre jusques à Musulpatan, où on reprend la mer pour aller à Tenasseri, de là à Siam, & de Siam à la Chine.

INDES OCCIDENTALES.

NAVIGATION DE L'ISLE DE GOMERE,
qui est l'une des Canaries aux Antilles, & de là à Carthagene, & Nombre de Dios, & de là aux Hauanes.

FAISANT voile de l'isle de Gomere, qui est l'une des Canaries à l'isle appellée *la Desseada*, autrement, *la Desirée*, qui est l'une des isles prochaines de la coste des isles Occidentales, ou de la nouuelle Espagne, vous dresserez vostre cours une longue traite au Sud pour sortir de la Bonace: de là vous tiendrez au Ouest Sudouest, jusques à la haude vingt ou vingt-deux degrez. Estant là, vous dresserez vostre cours au Ouest, tirant sur le Sud, jufques à la hauteur de quinze degrez & demy, qui eſt la hauteur de ladite iſle Deſſeada, Eſtant là, ſi vous auez le uent d'Oueſt, déclinez au Sudoueſt autant que vous jugerez à propos pour de rechef venir à quinze degrez & demy, prenant de rechef voſtre cours au Oueſt Nordoueſt pour les faire rencontrer, au moyen dequoy vous rendrez meilleur le Nord & le Sud, l'Eſt & l'Oueſt : d'autant que vous eſtes pres de terre, tenant voſtre cours Oueſt tirant ſur le Nord, à cauſe que le quadran decline au Nordoueſt : avec lequel cours vous irez reconnoiſtre la ſuſdite ilha Deſſeada, laquelle git Eſt & Oueſt, & montre comme l'antenne d'une Galere. Du coſté du Oueſt, ſe voit un haut pays, qui paroiſt de meſme comme le derriere ou tente d'une Galere, & du coſté du Sud, paroiſt comme une Peninſule ou une demie iſle, le derriere de laquelle eſt de la forme d'un fer de cheval.

L'iſle nommée *Marigalante*, eſt une iſle baſſe & en planure, & s'eſtend Eſt & Oueſt, & eſt pleine d'arbres, le plus haut de l'iſle eſt du coſté de l'Eſt, ayant du coſté du Sud quelques dunes blanches : du coſté du Oueſt à demie lieuë, ſe voit un écueil, elle git à la hauteur de quinze degrez tout au moins.

L'iſle nommée *la Dominica*, eſt une grande iſle, & s'eſtend Nordoueſt & Sudeſt : en l'approchant par dehors, elle paroiſt comme deux iſles à cauſe d'une grande ouverture qu'elle a au milieu, & quand on en eſt pres, on voit ce que c'eſt. Elle eſt pleine de montagnes : du coſté du Sudeſt elle a une pointe eſtroite & menuë, avec une colline : du coſté du Nordoueſt s'y voit une haute montagne qui ſemble eſtre fenduë & ouverte, quoy qu'en effet ce ſoient diverſes montagnes, ſur ladite montagne il y a une roche qui ſemble un clocher. De ce meſme coſté, ſe voit un rocher ou écueil qui s'eſtend vers la groſſe pointe. Cette iſle git à la hauteur de quinze degrez & demy, avec les ſuſdites iſles, font un triangle : les iſles appellées *los Sanctos* en nombre de quatre, peu élevées

entre lefdites ifles & la Dominica, il y a un bon canal &
commode à paffer.

Faifant voile de l'ifle de Dominica à la pointe de Co-
quibocoa en terre ferme, vous prendrez la route d'Oueft,
& Oueft tirant fur le Sud, jufques à ce que vous foyez
pres de ladite pointe : & fi vous ne la voyez point, aref-
fez voftre cours au Sudoueft ou bien au Sud, tant que
vous la découvrirez.   Cette pointe eft baffe, & s'eftend
en mer : En dedans on y voit une rangée de montagnes
qu'on appelle les montagnes d'huile, lefquelles s'eftendent
jufques à Venefuela en la cofte de terre ferme, laquelle
s'eftend vers une autre pointe, nommée *Cabo de Vela* : entre ces deux pointes, fe trouvent deux havres, dont l'un
eft appellé *Babyafionda*, autrement, *la baye profonde*, laquelle eft du cofté l'Eft, ayant de deux coftez des dunes
qui font battues de la mer : l'autre eft du cofté d'Oueft,
ayant en dedans une montagne qui s'eftend Nord & Sud.
On peut entrer en l'un & en l'autre auec des Vaiffeaux
de cent tonneaux : toute cette cofte jufques au cap de la
Vela eft belle, nette & feure.   Le terroir de ce pays eft
haut, & femble un pain de fucre : environ demie lieuë
de là, fe trouve un écueil qui paroift comme un Navire
à voile, qui donne le nom au cap de Vela ou de Voile.
Cet écueil correfpond avec ledit cap, Nordeft & Sudoueft:
on tient qu'on peut bien paffer entre cét écueil & terre,
& fi vous vous retirez de ladite pointe pour fingler vers ledit écueil & vers le cap de l'Aiguille, cabo de la aquia,
vous tiendrez l'Oueft Sudoueft, fur lequel cours vous
verrez ledit cap : ce font quatre écueils qui enfemble paroiffent comme un fer de cheval : la terre qui eft vis-à-vis
eft un haut pays, qui eft encore plus haut en dedans, &
fe nomme *las ferras neuadas*, ou *les montagnes negeufes*,
quand vous quittez ces montagnes au Sud, vous eftes
juftement à l'endroit defdits écueils.

Venant à l'endroit où lefdites montagnes commancent,
apres avoir paffé la riviere de Palomina, dont l'emboucheure correfpond au dernier écueil, vous verrez le cap

de la Aquia qui eſt droit, & taillé à pic au bord de la mer, il n’eſt gueres haut; au deſſus ſe voit une vallée qui paroiſt de la forme d’une ſelle de cheval; en dehors du meſme cap, aſſez pres ſe trouvent trois écueils noirs, paroiſſans hors de l’eau, reſpondans audit cap Nord & Sud. Ledit cap montre noir & deſert à voir.

Toute cette coſte s’eſtend preſque Eſt & Oueſt depuis le cap de ſainte Marthe : plus avant il n’y a rien plus à faire que de ſingler le long de la coſte, vous tenant toûjours ſur vos gardes pour les pluyes & orages qui vous tombent quelques fois deſſus ſans y prendre garde, ils viennent de terre. Venant à découvrir la terre de Carthagene, vous verrez deux écueils pres du havre ; vous paſſerez pres du premier entre ledit écueil & la terre, ayant toûjours la ſonde à la main, ſans approcher plus pres de terre qu’à la profondeur de dix braſſes, vous trouverez toûjours le fonds de ſable blanc, & trouvant quinze ou ſeize braſſes fonds vaſeux, tournez incontinent au Sudeſt & au Sud, juſqu’à ce que vous ſoyez dedans, vous verrez le trou ouvert devant vous.

Faiſant voile de Carthagene au nombre di dios avee des vents d’Eſt & de Nord, leſquels en general ſont appellez *Briſas*, vous tiendrez voſtre cours au Oueſt & quelque peu au Oueſt tirant ſur le Sud, juſques à ce que vous veniez à la hauteur de neuf degrez & demy, ſous laquelle hauteur git la pointe de Quantina, qui ſont ſept iſles, dont les cinq s’eſtendent Eſt & Oueſt, & les autres deux Nordeſt & Sudoueſt.

Un peu apres avoir paſſé leſdites iſles, vous découvrirez une baſſe pointe de pays, qui s’avance en mer, nommée *Aponta de Lambras*, laquelle eſt terre ferme, & au Oueſt de ladite pointe, ſe voit une montagne plus haute que ladite pointe qu’on voit aſſez quand on vient de la mer, & qu’on a ladite pointe au Sudoueſt, & la montagne au Sudeſt, quelque peu plus avant au Oueſt le pays commence à ſe rehauſſer juſqu’à la riviere de Franciſco. En l’emboucheure de cette riviere vers la mer, il

y a un écueil. Depuis la riviere jusques au nombre de
dios, le terroir est entierement plat & rougeastre jusques
à la colline de Niquea, qui est environ à une lieuë de
nombre de dios. Vous verrez encore les édifices & demeure de Capira, quand vous les avez au Nordest vous
estes en la coste Nordest & Sudouest au dessous de nombre de dios.

Faisant voile de nombre de dios à Carthagene, vous
dresserez vostre cours à l'Est Nordest jusques à la pointe.
Depuis la vous tiendrez la route de l'Est : ainsi vous découvrirez l'isle de saint Bernard qui est un pays montagneux, ayant au tour un fort beau fonds. Estant en cet
endroit avec une Fregate, vous pouvez passer entre ladite isle & terre, six lieuës plus avant vous verrez les isles
de Brava qui sont quatre petites isles, dont la derniere
est la plus grande de toutes. Elles sont toutes basses &
desertes, ayant autour un beau fonds & net : on peut
passer entre lesdites isles avec une Fregate, mais avec un
Navire, on n'y passe point à moindre profondeur que de
six brasses. De là vous verrez à l'Est Sudest, la Galere
de Cartagene avec les mesmes marques susdites, & en
retournant à l'Est & Est Nordest, vous verrez la terre de
Cariscos, qui est haute & montagneuse. De là vous tiendrez vostre cours le long de la coste, jusques à ce que
vous commanciez à voir l'ouverture du havre ; alors vous
y pouvez tendre, vous gardant toûjours de Caris, dressant vostre cours pres de la pointe Orientale, que si estant
là il estoit nuit, vous pouvez poser entre Caris & Baru
au plus seur endroit que vous pouvez juger, pour estre
à l'abry des vents de Brysas au dessous du haut pays de
Caris ; & si vous faites voile en dehors du havre de nombre de dios, vous irez en louviant jusques à ce que vous
ayez passé les edifices & demeures, & singlant outre,
vous prendrez vostre chemin suivant la commodité des
vents.

Faisant voile de Carthagene à l'isle de Lavane, vous
dresserez vostre cours au Nordouest jusques à la hauteur
de treize.

de treize degrez & demy. Venant à la hauteur de treize degrez, vous vous laisserez porter au Sud Sudest, & au Sud, selon qu'on a de coûtume, jusques à ce que vous ayez passé la hauteur, & que vous en soyez dehors, & quand vous venez sur le fonds de Serrana, vous déclinerez à costé autant qu'il vous sera possible vers le Nord: par ce moyen vous y serez plustost.

Depuis le cap de Camoron jusques au cap de Roncador, comme aussi depuis les isles & écueils de Serrana & Seranilla, se trouve de gros sable blanc au fonds, & amorce de poisson. La moindre profondeur y est de quinze brasses par tout, beau fonds & assuré. Vous singlerez sur cette profondeur jusques à ce que vous soyez plus avant: car alors, vous trouverez plus de profondeur jusques à cinquante brasses & davantage. Serrana git à la hauteur de quatorze degrez & demy, & Serranilla à la hauteur de seize : s'il arrive que vous voyez Serranilla au Ouest, vous trouverez de ce costé là une isle basse & sablonneuse, laquelle s'estend Nordouest & Sudest.

Faisant voile de Serranilla ou du cap de Roncador au cap de saint Antoine en l'isle de Cuba, vous dresserez vostre cours au Nordouest, & Nordouest tirant sur le Nord, avec léquel cours vous viendrez reconnoistre ledit cap ou celuy des Corriantes, autrement Courants, lequel est fendu au bord de la mer, & est terre basse, ayant quelques bois & palmiers. De là vers le cap de S. Antoine le pays commance à estré plus bas, & la coste s'estend vers le Nordouest & Sudest. Le susdit cap de S. Antoine est aussi bas & sablonneux, ayant au dessus deux ou trois collines, & git à la hauteur de 22 degrez. Si vous veniez à decouvrir sur ce cours l'isle nommée *Cayman Grande*, elle git à la hauteur de 19 degrez, & est un pays plein d'arbres s'estendant Est & Ouest, ayant du costé du Sud un rivage de sable blanc. Faisant voile vers le cap de S. Antoine avec les vents d'Ouest & Sud, lesquels en general sont appellez *Vents d'Aual*, autrement *Bizes*, vous dreſſerez voſtre cours vers les Havanes au Nordeſt pour éviter les bancs qui s'étendent depuis cette pointe juſques à l'endroit où commencent les montagnes des Orgues, leſquels bancs eſtant évitez, vous tiendrez voſtre cours le long de la coſte, ſans rien craindre que ce qui ſe voit.

Leſdites Orgues, ſont des montagnes ayant pluſieurs ſeparations & entrefentes, dont celles qui ſont du coſté du Sud, appellées *Quanico* du nom de l'iſle : Elles s'étendent juſques à la riviere de Truyes Rio de Porcas. De là commencent les montagnes nommées *Cabanas*, leſquelles ſont hautes & doubles, ayant au deſſus une plaine : là eſt le havre appellé *el Puerto de Cabanas*. De là vers l'Eſt juſques à la plaine de Marie, le pays eſt bas & plat, & garny d'arbres ; là ſe trouve un autre havre, depuis lequel juſques aux Havanes, c'eſt tout plat pays, excepté une colline ou montagne fenduë & élevée en pointe, nommée *Atalaya* ou *Eſchauguette*, & vous trouvant Nord & Sud à l'endroit du havre, vous découvrirez deux montagnes comme deux mammelles, & pour y entrer, faut tenir ſon cours pres de ladite colline ou montagne.

Partant de ladite colline avec des vents de Bryſas, vous prendrez voſtre cours vers les écueils nommez *Tartugas* ou *Tortuës*, ſelon que les vents y donneront, & prendrez garde à la profondeur : car ſi vous trouvez quarante braſſes, vous eſtes au Sud loin de là, & trouvant 30 braſſes, vous y eſtes à l'Eſt & Oueſt. Eſtant en quelques-unes de ſes profondeurs, vous dreſſerez voſtre cours au Sudoueſt juſques à ce que vous découvriez le pays, lequel vous irez reconnoiſtre à la plaine ou au havre, & ſi vous venez à voir une terre élevée, ayant des entrefentes comme les doigts de la main, c'eſt le pays de Xarugo. De là vous prendrez voſtre route à Havane, ſinglant le long de la coſte.

Faiſant voile de Havane aux Martyrs, vous dreſſerez voſtre cours au Nordeſt, ſur lequel vous verrez trois iſles qui ſont une pointe, dont celle du milieu eſt la plus grande, celle qui eſt en dehors eſt la coſte de l'Eſt , & celle qui eſt en dedans, eſt la coſte du Nordeſt & Sudoueſt. De là au Nordeſt juſques au cap de Cannaveral, la coſte s'étend Nord & Sud, & au Nordeſt, vous ne verrez aucun pays, & étant à 25 degrez, vous eſtes à l'emboucheure du canal, pour y entrer vous tiendrez au Nordeſt, & ſi vous ne voyez pas ledit cap de Cannaveral, eſtant 28 degrez & demy, vous eſtes en dehors du canal.

Faiſant voile de Havana audit canal avec vents de Bryſas, vous tiendrez voſtre cours en dehors juſques à midy, & apres midy, vous declinerez du coſté de terre pour ſur le ſoir en eſtre pres, & joüir des vents qui la nuit ſoufflent devers terre, appellez *Terreinhos*, ſinglant de cette façon le long de la coſte juſques à ce que vous vous rencontriez Nord & Sud avec la houë ou colline del pan de Matancas, ou pain de Matancas. Vous trouvant Nord & Sud avec ledit pain, vous dreſſerez voſtre cours au Nordeſt ſi le vent le permet, ſinon vous ſinglerez du coſté de la coſte de la Floreida, là où le vent vous pouſſera, faiſant voſtre poſſible pour ne reculer en arriere dudit cours que le moins qu'il vous ſera poſſible, à cauſe des courants qui ont leur cours fort rapide vers ledit pays, & quand vous jugerez qu'il ſera temps, vous vous tournerez d'un autre coſté, ſelon que le vent vous donnera lieu, juſques à ce que vous ſoyez à la veuë de terre, & quand vous la voyez, il faut pour lors ſe tourner, & ainſi paſſerez, & venant à la hauteur de 28 degrez & demy, vous eſtes hors du canal. Vous prendrez garde que les traittes que vous faites en louviant vers le pays de la Floride doivent eſtre courtes, & celles que vous faites vers la coſte de Mynare, longues, car les courants vous pouſſent fort vers la Floride.

Les montagnes de Chupiona viennent pres du pain de Matancas en dehors : elles ſont égales & plattes au deſſus, ayant quelques terres ou collines qui paroiſſent blanches. Le pain de Matancas eſt une haute colline platte au deſſus, s'étendant Nordeſt & Sudoueſt, & ayant des deux coſtez, tant du Nordeſt que du Sudoueſt, deux pointes plus baſſes que ledit pain, leſquelles ſemblent teſtes de Tortuës. Du coſté du Nordeſt le pays s'étend en plaine, & de là au Nord, il fait une pointe étroite, derriere laquelle eſt le havre de Matancas. Pour y entrer, vous devez vous rencontrer Nordeſt & Sudoueſt avec ledit pain, par ce moyen vous laiſſerez ledit havre au Sud de voſtre coſte, & pour y entrer vous dreſſerez voſtre cours au Sud : c'eſt une grande baye en laquelle il n'y a point de rade, ſinon tout joignant le pays. Au ſortir de là, laiſſant ledit pain au Sud, vous prendrez la route du Nordeſt en dehors.

Eſtant hors du canal, ſi c'eſt en temps d'hyver, vous dreſſerez voſtre cours à l'Eſt, retenant l'Eſt, tirant ſur le Nord par la variation, avec lequel cours, vous paſſerez au coſté du Sud de l'iſle & écueil de Bermuda, & tiendrez ce cours juſqu'à ce que vous ſoyez à la hauteur de l'iſle Fayal qui eſt l'une des iſles Flamandes ou Açores, laquelle eſt grande, & s'étend Nordoueſt & Sudeſt, ayant du coſté du Sudeſt un haut terroir : mais au Nordeſt le pays eſt bas. Pour aller de là à l'iſle Tercere, vous prendrez voſtre cours en dehors de l'iſle de S. George tenant la route de l'Eſt & Eſt, tirant ſur le Nord, le terroir de ladite iſle eſt haut, & s'eſtend Eſt & Oueſt, comme auſſi l'iſle de Tercere, laquelle a du coſté du Sud une montagne entrefenduë, nommée *o Braſil*, & quelque peu à l'Eſt de là, ſe trouve trois écueils. L'iſle S. Michel qui eſt l'une des Açores, eſt grande & haute, & s'étend Eſt & Oueſt, ayant ſon plus bas endroit du coſté d'Oueſt, & le plus haut du coſté de l'Eſt : elle a pareillement une montagne entrefenduë au bout Oriental. Cette iſle git à la hauteur de 38 degrez.

LE COVRS ET VRAIS INDICES DEPVIS
l'iſle appellée la Deſirée, juſques au Pays & Coſte de Carthagene, Nombre de Dios, nouuelle Eſpagne, & Canal de
Havane.

SI vous deſirez faire voile par le canal qui eſt l'iſle Antigua, & l'iſle la ou Deſirée, pour aller vers la coſte, vous dreſſerez voſtre cours au Oueſt juſques à l'iſle de Monſerrat, ſinglant le long de l'iſle de la Guadaloupe, qui eſt my-partie par le milieu, & eſt plus haute du coſté d'Oueſt que du coſté de l'Eſt. Ladite iſle Antiqua, autrement, Antique ou Ancienne, ſe trouve du coſté du Nord de la Guadaloupe, s'eſtendant en longueur Eſt & Oueſt, ayant des montagnes, qui paroiſſent à ceux qui ſont en dehors, comme petites iſles : elle git à la hauteur de ſeize degrez & demy.

Pour connoiſtre l'iſle Montſerrat, vous la verrez ronde & haute comme l'iſle Gomere, l'une des Canaries : elle a quelques montagnes avec des ſentiers qui ſemblent des ruiſſeaux. Partant de cette iſle, vous dreſſerez vôtre cours au Oueſt Nordoueſt, par ce moyen vous viendrez reconnoiſtre l'iſle Sancta Crux, ſans en approcher trop pres, car le fonds n'y eſt pas beau : elle s'étend Eſt & Oueſt, & eſt montagneuſe, plus haute du coſté du Oueſt que du coſté de l'Eſt, & eſt my-partie au milieu par une entrefente. Du coſté de l'Eſt il y a une rade, là où on peut anchrer en un beau fonds de ſable.

Pour faire voile de Sancta Crux à l'iſle de Portriche, ou Puerto Ricco du coſté du Sud, vous tiendrez voſtre cours au Nordoueſt, ainſi vous viendrez à reconnoiſtre la montagne nommée *Sierra de Loquille*, & de là ſinglerez vers Cabo Roxo, dreſſant voſtre cours au Oueſt & Oueſt, tirant ſur le Nord le long de la terre, juſques à ce que vous foyez pres dudit cap qui eſt le bout de ladite iſle. Ce cap eſt étroit & bas, ayant au bord de la mer quelques dunes rouges ou rouſſes, d'où il porte le nom de Cabo Roxo, & du coſté du Nordoueſt ſe voyent les montagnes appellées *las Sierras de San German*, leſquelles ſont fort hautes : mais non pas tant que celles de Loquillo. De là vous tiendrez au Oueſt & au Oueſt tirant ſur le Nord, & vous irez reconnoiſtre l'iſle de Mona ou de la Guenon, qui eſt une terre baſſe, s'étendant Eſt & Oueſt, droite & taillée à pic au bord de la mer. Elle a du coſté du Nord un écueil ou iſlette, nommée *Monica*, autrement, *petite Guenon* : on y peut paſſer entre deux ; du coſté du Oueſt il y a une rade, dont le fonds eſt beau & net, & encore une autre rade pres de la pointe du Sudoueſt.

Depuis l'iſle de la Monica, laquelle vous paſſerez du coſté du Sud juſques à l'iſle de la Sahona : le jour vous tiendrez voſtre cours au Sudoueſt, & la nuit au Oueſt, & Oueſt tirant ſur le Sud. Icy le cap *del Anganno*, autrement, *le cap de Tromperie*, eſt tout ſemblable à celuy de Sahona, ayant une colline entrecoupée au plus haut endroit de l'iſle. Entre ces deux caps, gît une petite iſle, nommée *Sainte Catherine*, on tient icy le cours d'Oueſt, tirant ſur le Sud, à cauſe que les courants ont leur cours vers le Golfe.

Vous connoiſtrez l'iſle de Sahona lors que vous verrez une iſle baſſe, pleine d'arbres, leſquels on découvre avant que voir l'iſle : elle s'étend Eſt Nordeſt, & Oueſt Sudoueſt, du coſté du Sud elle a quelques baſſes qui s'étendent demie lieuë en mer. Si par hazard vous veniez en ce pays en dehors du coſté de la mer, & que vous découvriſſiez plus avant l'iſle quelques montagnes, ce ſont les montagnes de Niquea, leſquelles vous verrez encore entre la grande ſainte Catherine & la Sahona. Cette iſle de Sahona a du coſté d'Oueſt une rade profonde de huit & dix braſſes. Pour faire voile de ladite iſle à San Domingo, vous trouvant à trois lieües de l'iſle de Sahona devers la mer, vous prendrez voſtre cours au Nordoueſt & Nordoueſt tirant ſur l'Oueſt. D'icy à ſaint Domingo, c'eſt tout bas pays, droit & & eſcarpé au bord de la mer, & c'eſt le bout de la coſte qui s'eſtend Eſt & Oueſt.

Vous connoiſtrez ſaint Domingo lors qu'eſtant Nordoueſt & Sudeſt à l'endroit des vieilles mines, & Nord & Sud : à l'endroit de la riviere de ſaint Domingo, vous découvrirez plus outre au haut de ladite riviere deux collines qui montrent comme deux mammelles, leſquelles vous reſtant au Nord & au Nord, tirant ſur l'Oueſt, alors vous eſtes à coſté de la riviere. A la pointe Orientale de l'entrée de cette riviere, il y a une petite tour qui ſert de garde au Fanal pour les Navires qui viennent de dehors. Du coſté de ladite pointe s'étend un écueil couvert, duquel vous vous garderez, & pouvez ainſi entrer dedans, mais prenez garde de ne trop approcher du lieu appellé *al Metadero*, qui eſt l'endroit où on tuë les beſtes, il y manque de profondeur. Eſtant en dedans l'écueil caché, là ou ſe trouve quatre braſſes d'eau, vous tiendrez voſtre cours vers le rivage de ſable qui eſt du coſté de l'Eſt, vous gardant de l'écueil de la Forftereſſe. Venant du coſté de la Forftereſſe en dedans, vous pouvez moüiller l'anchre vis-à-vis du logis de l'Admiral, à moitié chemin de la riviere, là où eſt la meilleure rade.

Eſtant de ſaint Domingo quatre lieües en mer, vous prendrez la route Sudoueſt, & Sudoueſt tirant ſur l'Oueſt juſques à ce que vous vous rencontriez Nord & Sud à l'endroit du pays de Nyquao, pour aller au havre de Oquoa, vous prendrez garde de ne vous point éloigner de la coſte, mais vous vous y tiendrez toûjours fort pres, ſinglant à pleines voiles autant que vous pourrez juſqu'à ce que vous ayez paſſé la riviere, car ſi vous vous en éloigniez ſans prendre la palme, qui eſt un banc ainſi nommé, vous ne pourriez anchrer. Eſtant en la riviere vous vous tiendrez ferme à l'anchre, ayant un anchre du coſté de terre, & un autre du coſté de la mer, pour eſtre bien aſſeuré.

Partant de ce havre de Oquoa, vous dreſſerez voſtre cours en dehors juſques à ce que vous ayez doublé la pointe, & que vous ſoyez trois lieües en mer, alors vous prendrez la route du Sudoueſt, & du Sudoueſt tirant ſur le Sud: ce faiſant vous irez reconnoiſtre l'iſle de Beata, laquelle eſt baſſe, & s'étend Eſt & Oueſt. A deux lieuës de là, tirant plus au Oueſt, git une petite iſle ou écueil, nommé *Atrobello*, qui paroiſt comme un Navire: ayant paſſé ladite iſle & écueil, vous dreſſerez voſtre cours au Oueſt, & Oueſt tirant ſur le Nord, juſques au cap de Tiberon. En ce golfe vous demeurent trois ou quatre iſlettes ou rochers, nommez *les Frailes*, autrement, *les Freres* ou *Moines*. Avant que venir au ſuſdit cap de Tiberon, ſe trouve un golfe, dans lequel git une petite iſle, nommée *Yabaque*, autour de laquelle ſe voyent divers rochers & écueils: de ſorte qu'il n'y a point de bon fonds. Par deſſus ladite iſle ſe voyent les montagnes appellées *la Sier.as de dona Maria*, autrement, *la Sierras de Sabana*. Vous trouvant à l'endroit de la longueur de Labaque, vous prendrez la route d'Oueſt Nordoueſt. Le cap de Tiberon eſt une haute colline noire, entrecoupée au bord de la mer, ayant au deſſus quelques marques blanches, qui paroiſſent comme ruiſſeaux; en dedans ce cap il y a une riviere d'eau douce, où on trouve des cailloux, qui ſervent de ballaſt, comme auſſi en la riviere de Maniicka.

Allant de là à Cabo de Crux, vous dreſſerez voſtre cours au Nordoueſt juſques à ce que vous ayez paſſé du coſté du Nord l'iſle de Nabaſſa, & ſi par hazard les courants vous pouſſoient vers le Sud, vous prendrez garde, ſi vous avez un grand Navire, de détourner voſtre cours au Nordoueſt, pour éviter les bancs qui s'avancent vers la pointe de Morante, & s'étendent entre ladite pointe & Nabaſſa, ſur leſquels ſe trouvent en quelques endroits la profondeur de quatre braſſes, au bout deſquelles on en trouve quinze & vingt. Ladite iſle de Nabaſſe eſt ronde & baſſe, & par tout plaine le long du rivage,

lequel

lequel eſt droit & taillé. Paſſant cette iſle du coſté du
Nord, vous prendrez la route du Nordoueſt & Oueſt, tirant ſur le Oueſt, ſi vous deſirez ſingler le long du cap de
Crus, vers la mer, qui paroiſt plein d'arbres, quoy que ſes
arbres ſoient dans le païs du coſté Oriental de ladite pointe
eſt le havre dudit cap.

Pour aller à l'iſle de Pinos, vous dreſſerez voſtre cours au
Oueſt Nordoueſt, vous découvrirez ladite iſle, laquelle eſt
baſſe & pleine d'arbres : de ſorte que venant du coſté de la
mer, on void les arbres avant que voir l'iſle, elle s'étend
Eſt & Oueſt, ayant à moitié chemin trois collines, dont
celle du milieu eſt la plus grande, depuis ladite iſle juſques
au cap des Corrientes, vous ſinglerez au Oueſt Nordoueſt,
& tenant cette route, vous verrez ledit cap, lequel eſt droit
& entaillé au bord de la mer, ayant au deſſus quelques palmiers, & du coſté du Oueſt un rivage de ſable où il y a une
rade propre à anchrer au deſſus de ce qui paroiſt une pointe
qui s'avance par deſſus toutes les autres pointes, tenant vôtre cours en dedans ledit cap, vous découvrirez droit devant vous un lac d'eau douce, dont vous vous pourvoirez
au beſoin.

Pour de là faire voile au cap de ſaint Anton, vous trouvant deux ou trois lieuës en mer, vous prendrez la route
du Oueſt Nordoueſt, depuis l'iſle de Pinos juſques audit
cap, il y a deux grands golfes, dont l'un git depuis ladite iſle
juſques au cap des Corrientes, & l'autre depuis le cap des
Corrientes juſques à celuy de ſaint Anton : avant que venir à celuy des Corrientes, ſe void la pointe de Guanico, & par deſſus ſe voyent les montagnes de Guanico. Le
ſuſdit cap de ſaint Anton eſt bas & plein d'arbres, ayant au
deſſus quelques bruyeres, le rivage eſt de ſable, & de ſon
coſté s'étend un banc environ quatre lieuës au Nordoueſt.

Faiſant voile de ce cap vers la nouvelle Eſpagne en temps
d'hyver, depuis le mois d'Aouſt juſques au mois de Mars,
vous prendrez voſtre cours en dehors des iſles & eſcueils
nommez *Alaalantes*, au Oueſt Nordoueſt, apres avoir ſin-
glé dix-ſept lieuës, vous prendrez fonds de gros ſable, & le

trouverez à la hauteur de vingt-quatre degrez. Que si par hasard vous prenez fonds à moindre profondeur que de 40 brasses, tenant la mesme route, vous tiendrez le cours de Nordoueft, & Nordoueft tirant sur l'Oueft, & trouvant plus de profondeur, vous retournerez voftre premier cours de Nordoueft, & quand vous commencerez à perdre le fonds, vous finglerez vingt lieuës au Oueft; Par ce moyen vous vous trouuerez Nord & Sud à l'endroit de l'ifle Bermeja. De la vous tiendrez au Sudoueft, jufques à la hauteur de vingt degrez, & fi vous ne découvrez point terre, vous drefferez voftre cours au Oueft: Car en cette faifon, il n'eft pas bon de fingler en deffous de ladite hauteur, fur ce cours & hauteur vous verrez la Tour blanche, *la Torre blanca*; & fi par hafard vous veniez à reconnoiftre la riviede San Pedro & San Paulo, vous verrez au deffus de cette riviere des montagnes vertes qui ne font pas fort hautes.

Si vous trouvez la profondeur de 35 braffes fonds dur & vafeux, ayant en quelques endroits des coquilles, vous prendrez de là voftre cours au Sud, & Sud tirant fur l'Eft, jufques à ce que vous voyez à l'entrée d'Almeria, & fi vous veniez du cofté de la mer, vous chercheriez le fonds aval, & trouvant trente ou quarante braffes, fonds vafeux & noir, vous eftes à l'endroit de la riviere Almeria, Eft & Oueft, environ fept lieuës loin de terre, & fi vous voyez au Sudoueft les montagnes appellees *las fierras del Papalo*, en forte que l'une foit parmi l'autre, alors vous eftes loin de la Nordeft & Sudoueft. De là vous prendrez la route du Sud, & Sud tirant vers l'Oueft. Par ce moyen lefdites montagnes de Papalo commenceront à s'ouvrir, & fe verront 2. montagnes rondes. Vous verrez à mefme temps las fierras deCaloquote, qui font une rangee de petites montagnes rouffatres qui s'étendent outre le bord de la mer.

Si vous defirez prendre fonds pres de la pointe de Villa Rica, à trente-deux lieuës de terre ferme, vous trouverez 80 & 90 braffes vafe au fonds. La riviere de San Pedro & San Paulo git à la hauteur de 21 degré, & los campos d'Almeria à la hauteur de vingt degrez. Villa Rica la Vieya font

certaines montagnes qui aboutiſſent au bord de la mer, leſquelles ne ſont pas fort hautes & ont pluſieurs entrefentes,
comme les montagnes d'Abano, qui ſont nommées orgues
& s'étendent Nord & Sud. Si par haſard vous veniez de
du coſté de la mer & vous voyiez les montagnes de Villa
Rica, vous les reconnoiſtrez à leur étenduë, qui eſt du
Nord au Sud : Celles de ſaint Martin s'étendent Eſt &
Oueſt : celles-là ſe reconnoiſſent d'une autre façon, tendant au Oueſt venant tout pres deſdites montagnes, elles
ſemblent eſtre plus baſſes que celles de ſaint Martin ; auſſi
vous aurez fonds, eſtant à trois lieuë de Villa Rica en mer,
ce que vous ne trouverez pas de ſaint Martin, non pas meſmes à demie lieuë de là : & quand vous n'auriez nulle connoiſſance du païs, vous le pourrez connoiſtre à ces meſmes
indices ; c'eſt qu'à coſté de Villa Rica git un écueil nommé
Bernardes, qui montre comme un pain de ſucre.

De Villa Rica pour aller à ſaint Jean de Luz, vous prendrez voſtre cours Sud, & Sud tirant vers l'Eſt, & approchant vers terre, vous trouverez profondeur de trente braſſes fonds d'amorce de poiſſon, & en quelques endroits
fonds pierreux. Pres de la riviere de Vera Crus, vous avez
fonds de ſable, & en quelques lieux vaſe, eſtant en dehors
depuis ſaint Chriſtofle à ſaint Jean de Luz, tout le long du
rivage, le fonds eſt ſablonneux, vous rencontrant Eſt &
Oueſt, avec la pointe appellée *Punta Gorda*, vous vous
rencontrerez Nord & Sud, avec l'iſle de ſaint Jean de Luz,
& vous rencontrant Nordeſt & Sudoueſt avec l'iſle, au deſſous de quarante braſſes de profondeur vers terre, vous y
trouverez fonds de rochers & en quelques endroits de
grave, & en quarante braſſes en dehors vaſe.

Venant du coſté de la mer, & deſirant ſçavoir ſi vous
vous rencontrez Eſt & Oueſt avec ladite iſle, vous prendrez
garde à une haute colline qui s'étend du coſté de la montagne de la Vera Crus, vous rencontrant Eſt & Oueſt avec
ladite colline, vous eſtes de meſme Eſt & Oueſt avec ladite
iſle. Quand la montagne appellée *Serra neuada* vous eſt au
Oueſt & Oueſt tirant ſur le Sud, vous vous rencontrerez

auſſi Eſt & Oueſt avec ladite Iſle, & verrez à meſme temps la pointe de Anton N. Quardo, & Mendano montuo-ſo, qui eſt la haute colline, vous verrez auſſi le rivage de Medellin, & du coſté du Nordoueſt Punta Gorda. Que ſi par haſard vous deſirez avec des vents de Nord anchrer à cet Havre, vous ſinglerez à la profondeur de dix-huit & vingt braſſes, ainſi vous viendrez le travers du canal, cô-toyant le boulevard ſans toutefois en approcher trop pres. Vous poſerez au côté gauche, car du côté droit il y a peu de profondeur.

Faiſant voile du cap de ſaint Anton en temps d'Eſté vers la nouvelle Eſpagne, vous tiendrez la route du Oueſt l'eſ-pace de vingt ou trente lieuës, & vous trouverez la pro-fondeur de vingt braſſes d'amorce de poiſſon. De là vous dreſſerez voſtre cours au Oueſt, & Oueſt tirant ſur le Sud juſques à trente braſſes, & de là au Oueſt juſques à vîngt braſſes, ſur lequel cours vous vous tiendrez en cet endroit, & venant à la plus grande profondeur, vous ſinglerez au Oueſt & Oueſt, tirant ſur le Sud : & vous viendrez dere-chef ſur la precedente profondeur. Tenant cette route vous paſſerez l'iſle inconnuë & l'iſle de ſable, *iſla deſconocida el iſla d'Arena.* De celle-là à celle-ci au Oueſt & Oueſt ti-rant ſur le Sud, vous reconnoiſtrez las Sierras de ſan Mar-tin, qui ſont deux hautes montagnes faiſans au milieu une grande entrefente. Faiſant voile vers ces montagnes, vous tiendtez la route de Oueſt, avec lequel cours vous recon-noiſtrez une roche ou montagne entrecoupée, depuis la-quelle vous dreſſerez voſtre cours au Oueſt & Nordoueſt, tirant ſur le Oueſt : ainſi vous verrez la riviere de Medel-lin, qui eſt un païs bas, & un peu plus à gauche eſt l'iſle nommée *Iſla Blanca,* & l'iſle Rio Riffias, laquelle paroiſt de loin comme un Navire à voiles : à meſme temps vous ver-rez l'iſle ſaint Jean de Luz. Depuis la riviere nommée *Rio Parado,* juſques à la riviere de Vera Crus, ne ſe voit point de païs haut, ſi ce n'eſt une montagne noire qui git au deſſus dudit Havre.

NAVIGATION DV CAP VERT AV BRESIL,
& pour connoiſtre les Coſtes & Havres dudit païs du Breſil, juſques à la riviere De la Plate.

FAISANT voile du cap verd au Breſil, vous prendrez la route du Sud Sudeſt, & Sudeſt quart au
Sud, & venant à la hauteur de cinq ou ſix degrez, ou en tel endroit que vous puiſſiez eſtre,
vous trouvant attaqué de Tonnerres & pluies, vous prendrez du coſté du Sud, & diminuerez autant que pourrez. Vous eſtes advertis que ſi-toſt que les vents generaux
vous ſurviennent du Sudeſt, vous dreſſerez voſtre cours
au Sudoueſt & Oueſt Sudoueſt, & ſi le vent eſtoit Sud tirant ſur le Sudoueſt, vous prendrez voſtre cours au Sudeſt,
mais non pas beaucoup, car cela ne vous ſert de rien : de
ſorte que plus vous y tendez, plus vous perdez. Faites toûjours voſtre poſſible de ne vous point mettre ſous la côte
de Guinée, à ſeptante lieuës des bancs appellez *Os baixos
de S. Anna.* Le vent ne vous manquera point, de façon
que vous pourrez ſingler ſuffiſamment du côté de Breſil.

Faiſant voile à Pernanbuque ſur ce cours avant Octobre, & venant à côté de l'iſle de Fernando Narona, juſques à la hauteur de huit degrez ou huit & demi, vous dreſſerez voſtre cours au Oueſt vers le païs : & ſi vous venez à
voir le païs à la hauteur de 8 degrez, vous verrez des Dunes blanches, vous eſtes pour lors du coſté du Nord ; alors
vous tendrez voſtre cours au Sud, pourveu que vous ſoyez
en Octobre : Car alors regnent les vents de Nordeſt &
Eſt Nordeſt, & venant à découvrir des Dunes du coſté du
Sud, vous eſtes pres de Capiguaramirim. De là à Pernanbuque il y a ſix lieuës.

Quand vous ſerez à la hauteur de huit degrez & demi,
en la profondeur de dix ou douze braſſes, vous verrez un
païs entierement plat, & d'une planure égale au rivage, c'eſt

le païs de Capitagua. Vous trouvant de ce pais Eſt &
Oueſt ſur ladite profondeur de douze braſſes depuis Octobre juſques à Fevrier, ne craignez, & prenez garde de regarder vers le Sud, & vous découvrirez le cap de ſaint Auguſtin, & au Nord vous verrez une autre pointe appellée
l'Olinda, où ſe void un Bourg de meſme nom : La côte de
cette pointe s'étend Nord & Sud. Vous trouvant Eſt &
Oueſt à l'endroit dudit cap de ſaint Auguſtin, vous découvrirez dans le païs une montagne qui ſemble le dos d'un
chameau, ayant vers le Sud trois houes ou collines le long
du rivage de la mer, & la côte s'étend Nordeſt & Sudoueſt.
Depuis ledit cap juſques au bout d'Olinda il y a 13. lieuës.
Cette pointe git à la hauteur de huit degrez & deux tiers,
& Olinda huit degrez & un tiers, & Pernanbuco ſous huit
degrez.

Faiſant voile de Lisbonne en Fevrier ou Mars, vous irez
chercher terre à la hauteur de neuf degrez : car depuis
Mars regnent les vents de Sudeſt & Sud Sudeſt. Et ſi vous
vous trouvez pres de terre ſous ladite hauteur, vous n'avez
rien à craindre, & tiendrez voſtre cours à 17 & 18 braſſes,
car le fond y eſt par tout beau & net, & n'avez en cet endroit que la baſſe qui eſt tout joignant terre, là où on void
l'eau ſe rompre, & ſinglant au Nord ; & quand vous voyez
quelques Dunes le long du rivage vous ne devez pas craindre de tenir la route du Nord : Ce faiſant vous découvrirez le cap de ſaint Auguſtin, qui eſt droit & detaillé au
rivage, & ſemble un groin de baleine, ayant au deſſus une
montagne ronde environnée d'arbres, & venant prés du
païs ſur ladite profondeur, vous y verrez une petite iſle
nommée *Ilha de Sant Alexis*, laquelle git ſous la hauteur
de huit degrez & trois quarts, à ſix lieuës de ſaint Auguſtin.

NAVIGATION ET COVRS DV HAVRE
ou Baye de Tous les Saints, qui est en la coste de Bresil.

S I vous desirez faire voile de la baye de *Todos los Santos*, autrement Tous les Saints, tenez-vous à la navigation susdite, prenant garde aux marées de l'année, depuis Mars & Octobre, comme il a esté dit : Cette baye git à la hauteur de 13 degrez & 12 & un quart, & venant à la veuë de terre dont le rivage est de sable blanc, & montre comme une blanchissage des toiles, vous singlerez le long de la côte au Sud, jusques à ce que vous soyez à la fin du rivage, là où vous verrez une petite isle au Nord nommée *Tapoan*, laquelle git en l'emboucheure de la baye ; depuis là on tient le cours le long de la côte Ouest tirant sur le Sudouest.

Venant vers cette baye depuis le mois de Mars, ne passez point au Sud outre les 13 degrez & demi, & si vous venez à la veuë de terre ailleurs que vers ledit rivage blanc, vous ferez vostre possible de dresser vostre cours au Nord. Et quand vous avez la veuë du rivage, qui est à la hauteur de 12 degrez & demi, vous verrez une montagne le long du rivage de la mer : & s'il vous arrivoit de vous trouver si pres de terre, qu'il n'y eust pas moyen de vous en éloigner, vous reconnoistrez aisément le pais à une colline ronde appellée *O morte de san Paulo*, distante 13 lieuës de la grande riviere nommée *Tinare* dont l'entrée est bonne, ayant la profondeur de 6 & 7 brasses, vous prendrez garde que vous trouvant à la hauteur de 13 degrez & demi, vous n'ayez pas à vous approcher de terre, car il y a un golfe fort mauvais.

Si vous desirez singler de la baye de Todos los Santos à Pernanbuco ou en Portugal, vous dresserez vostre cours à l'Est & Est tirant sur le Nord l'espace de 30 ou 40 lieuës en mer : & ne chercherez point la terre de Pernanbuco depuis le neufviéme jusques au onziéme degré : car tombant à

la hauteur d'onze degrez , vous viendrez au golfe nommé
A enseada de vazade barris, autrement le golfe des barrils,
épandus de mesme ; quand vous venez de Portugal venant
à la veuë de terre à la hauteur d'onze degrez, n'y addreſſez
pas voſtre cours , croyant avancer voſtre voyage ; mais fin-
glez plutoſt arriere de là au Sud. De cette baye de Todos
los ſanctos à Pernanbuco il y a cent dix lieuës, & eſt le cours
le long de la côte Sudoueſt & Nordeſt , & Sudoueſt tirant
ſur le Oueſt, & Nordeſt tirant ſur l'Eſt.

NAVIGATION DE LA RIVIERE APPELLEE
Rio dos ilhas , *en la coſte du Breſil.*

S I vous deſirez faire voile vers la riviere appellée
Rio dos ilhas , ces iſles ſont ſous la hauteur de 14
degrez & trois quarts, & tenez voſtre cours depuis le mois de Mars à 15 degrez & deux tiers.
Venant à voir terre ſous hauteur, vous verrés certaines hautes montagnes appellées *As ſerras dos Aymores* , alors finglerez le long de la côte au Nord ſans rien craindre, car le
fond y eſt beau ſi-toſt que vous eſtes à la veuë de ces iſles,
leſquelles ſe voyent ſeules en ce quartier. Là vous verrez
en la meſme côte une montagne ronde au rivage de la mer.
Au Nord de cette montagne la riviere a ſon cours en dedans. Si vous vous trouvez là en un temps que vous n'y
puiſſiez entrer , prenez voſtre cours en mer deſdites iſles
vous en gardant, & pouvez fort bien anchrer pres de là. Si
vous venez en ce pays en temps des vents de Nordeſt, vous
prendrez terre ſous la hauteur de 14 degrez , & ſi vous
voyez un plat pays, c'eſt celuy qu'on appelle *Camamue*, le
long duquel vous ſinglerez au Sud, & venant au bout dudit plat pays, vous trouverez un haut pays le long du rivage
de la mer, comme il a eſté dit.

A l'endroit où ledit haut pays commence à eſtre veu, ſe
trouve une petite riviere appellée *Rio das contas* , l'entrée

de

de laquelle n'eſt pas bonne : elle a pour connoiſſance une roche blanche, allant de là vers leſdites iſles, la diſtance eſt de dix lieües en mer. Venant juſques à l'endroit du bout du haut pays, vous y trouverez un grand golfe, & jettant la veuë au Oueſt Sud Oueſt, vous découvrirez encore un haut pays, au pied duquel, preſque à moitié chemin de ce golfe, vous verrez certaines maiſons blanches où ſont les chaudieres à ſucre : eſtant là, vous verrez incontinent leſdites iſles.

⁕⁕⁕⁕⁕⁕ (†) ⁕⁕⁕⁕⁕⁕

NAVIGATION AV HAVRE APPELLE' Portoſeguero, *en la meſme coſte du Breſil.*

SI vous deſirez faire voile au Havre Porto ſeguero, autrement Port ſeur, au temps des vents de Sudeſt, qui eſt apres le commencement de Mars, vous ne dreſſerez pas voſtre cours plus haut qu'à 16 degrez & demi ; car là ſe trouve un banc de rocher nommé *Os baxios dos arbolhos*, lequel eſt fort dangereux, & s'étend bien avant en mer ; & prendrez garde que venant ſur le cours d'Eſt & Oueſt, de n'eſtre pas pareſſeux à jetter la ſonde : & venant pres de terre, & voyant une longue & haute montagne nommée *Monte Paſcal*, vous irez de l'autre coſté au Nord, & arrivant que ladite montagne vous reſte au Sudoueſt, vous vous pouvez tenir pres de terre, vous tenant toûjours bien ſur vos gardes.

Quand vous voyez terre & venez à découvrir une colline rouge au Sud de la meſme colline, vous verrez une montagne avec un grand rivage. De là au Nord eſt le Havre appellé *Porto ſeguero*, & ſinglant le long de la côte, ſe voit à mond la ville de Porto ſeguero. Le haut eſt de pierre de roche blanche, au Nord il y a un grand valon. Venant à l'endroit de cette roche, Eſt & Oueſt, vous découvrirez l'eau ſe rompre au Nord ſur un banc qui s'étend deux lieües en mer au côté meridional de ce rocher, on eſt droit vis-à-vis de la ville de Porto feguero.

Venant à faire ce voyage au temps des vents de Nordeſt, & vous trouverez à 15 degrez & deux quarts, ſans voir aucunes montagnes, ne reſtez pas de venir le long de la côte, & quand vous venez à 15 degrez, le premier haut pays que vous verrez ſera avec un rivage de ſable : & ſi ſous cette meſme hauteur vous voyez une riviere, n'approchez pas de terre, car la ſe trouvent certains bancs appellez *Os baxios de S. Antonio*. De là au Sud vous avez Porto feguero. Venant le long de la côte & voyant l'eau ſe rompre ſur l'autre ſuſdit banc qui avance deux lieuës en mer, vous paſſerez outre (évitant ledit banc) vers la mer, & eſtant au bout dudit banc, la ville vous reſtera au Oueſt, vers laquelle vous pouvez aller, eſtant toûjours ſur vos gardes, & poſerez à ladite hauteur, allant des iſles à Porto feguero, il vous faut ſingler douze lieuës en mer derriere leſdites iſles, pour éviter les bancs qui ſont à l'endroit de la riviere appellee *Rio grando* ; & ayant paſſé cette riviere, vous pouvez bien derechef approcher terre, & la venir reconnoiſtre comme il a eſté dit.

NAVIGATION VERS LE HAVRE APPELLE' do Spirito ſancto, *en la meſme coſte de Breſil.*

FAtSANT voile vers le havre ou baye *do Spirito ſancto*, apres avoir paſſé les bancs appellez *Os baxios dos abrolhos*, juſques à la hauteur de 19 degrez, vous pouvez venir à reconnoiſtre la terre à vingt degrez : car en cette terre il n'y a point de Monſons, de conjectures de Temps & uniformité de vents, arrivant que vous veniez à découvrir la terre à la hauteur de 19 degrez & demi, & que vous découvriez au Nordoueſt un pays plat ; alors vous eſtes du côté Septentrionnal du havre de Spirito ſancto, qui git au-deſſus de Criquare, & la riviere nommée *Rio dolce*, riviere douce.

Vous tiendrez voftre cours le long de ce pays jufques à ce qu'il fe montre plus haut, ayant quelques montagnes, ne vous fiez pas à la premiere qui fe prefentera à voftre veuë, qui eft une montagne ronde le long du rivage, laquelle fe nomme *la fierra de meftre Aluaro*.

Venant pres de ladite montagne du côté du Nord, vous verrez la riviere des trois Roys mages, & venant vers le Sud, la bouche de la baye vous paroiftra incontinent ouuerte, au bout de ladite montagne du cofté du Sud, il y a une pointe d'écueils nommée *à punta do turbaion*, & au côté meridional de la baye fe voyent deux ou trois hautes montagnes, eftant là vous ferez droit vis-à-vis de ladite baye, & y drefferez voftre cours au Oueft.

Si tenant ce cours vous venez par hafard à la hauteur de 20. degrez, vous verrez plufieurs montagnes entre lefquelles eft la haute montagne de *Serra de Guaiapari*, & une autre au Nord nommée *Serra de Ferocan*, lefquelles montagnes font du côté meridional du havre de Spirito fancto, defdites montagnes au Sud, vous en verrez une autre toute feule nommée *Guape*. Quand vous ferez à la veuë de ces montagnes, vous verrez trois petites ifles l'une pres de l'autre, & au Sud defdites ifles il y a encore une autre ifle ronde & plate. Au pays qui eft vis-à-vis cette ifle fe trouve une grande baye, auquel endroit on peut anchrer s'il eft befoin; & fi vous eftes dans ce deffein, vous vous mettrez à l'endroit de la montagne Eft & Oueft, laiffant au Nord la petite ifle ronde, appellée *à ilha de repoufo*, autrement l'ifle de repos, laquelle eft fort proche du pays, & pouvez pofer entre ladite ifle & le pays.

Depuis lefdites trois ifles jufques à la baye de Spirito fancto il y a 13 lieuës, & tenant voftre cours au Nord vers ladite baye, vous verrez encore une ifle feule pres de laquelle vous pafferez la mer: l'ayant paffée, vous découurirez incontinent ladite baye, laquelle git à la hauteur de 20. degrez.

NAVIGATION DE LA BAYE DE SPIRITO
Santo, à la Baye de S. Vincent.

FAISANT voile de la baye de Spirito sancto, à celle de saint Vincent, vous pouvez bien tenir voſtre cours le long de la côte : à huit lieuës de ladite côte vers Cabo frio , autrement le cap froit, à moitié chemin ſe trouve la baye de Salvador, diſtante 12 lieuës de Cabo frio ; Avant que venir à ce cap il y a deux iſles, leſquelles vous paſſerez vers la mer, vous pouvez fort bien paſſer entre leſdites iſles & terre. Vis-à-vis dudit cap il y a une iſle qui ſepare la pointe là, où on peut poſer au beſoin du coſté de Oueſt ; car il y fait beau par tout. Ce cap git à la hauteur de 23 degrez & deux tiers. De là juſques à la riviere de Janvier, *Rio de Ianero* , il y a vingt lieuës.

L'emboucheure de cette riviere contient 3 ou 4 iſles. Vous pouvez y entrer ſi vous voulez, prenant voſtre cours entre ces iſles. Au côté meridional de cette riviere ſe void une montagne qui ſemble un homme portant froc. Venant à la hauteur de cette riviere, vous verrez certaines hautes montagnes dans le pays qui ſemblent des orgues, qui ſervent de ſignes & marques pour connoiſtre qu'on eſt prés de cette riviere ; & approchant de terre, vous verrez une iſle haute, ronde & ſterile du coſté du Sud, la ſuſdite emboucheure git à la hauteur de 23 degrez & deux tiers. Depuis cette riviere juſques au havre que les Portugais appellent *Angia*, il y a ſeize lieuës, en cet eſpace ſe trouvent deux rivieres. Vous prendrez garde eſtant en ce pays de n'approcher point pres de terre , que dans une grande neceſſité.

Par delà cette riviere au Oueſt Sudoueſt, & Sudoueſt tirant ſur le Oueſt, vous verrez l'iſle de ſaint Sebaſtien qui eſt aſſez grande, au Sudoueſt, de laquelle ſe voit une petite isle nommée *à ilha das Alcatrases*, autrement l'isle des Aigles marins. Avant que venir là vous pouvez tenir vostre cours au Ouest pour quelques bancs qui se trouvent là : par ce moyen vous viendrez à la bouche de la baye de S. Vincent , où vous verrez une petite isle nommée l'isle de la muette, *ilha de muda* : pour entrer en ladite baye, vous laisserez cette petite isle au côté de l'Est. Ladite baye git à la hauteur de 24 degrez. Si vous singlez à côté de ladite baye, vous verrez diverses isles, l'une desquelles s'étend en mer, & ce sont les marques les plus asseurées de cette baye. Estant là vous serez Nordouest & Sudest à l'endroit de la bouche de ladite baye.

NAVIGATION DE CABO FRIO, VERS la riviere dite Rio di Plata, *auec ses particularitez*.

DEPUIS Cabo frio jusques à la riviere de Jeneiro il y a 20 lieües, le cours est le long de la côte Est & Ouest, & est à 23 degrez. Les marques & signes de cette riviere, sont certaines hautes montagnes du costé de terre, lesquelles à cause de leur figure sont appellées orgues, mais à present elles sont pour la pluspart abbatües ; & du costé du Ouest Sudouest au bord de la mer se void comme la figure d'une hune de Navire : & en l'emboucheure de la riviere se voyent quatre isles, dont l'une est ronde & haute, qui est un bon signe pour reconnoistre ladite emboucheure, comme aussi le pain de sucre ; ainsi est appellée une houe ou colline qui est dans le havre, laquelle neanmoins on ne peut voir du dehors.on peut bien librement approcher de cette coste , sans rien craindre que ce que vous voyez. D'icy à saint Vincent la coste git Est Nordest & Ouest Sudouest, l'espace de 44 lieües, en tout ledit chemin il n'y a aucun banc ny manque de profondeur ; au contraire , on y trouve de bons havres à l'abri de tous vents : A treize lieües de ladite riviere git l'isle nommée *ilha girande*, laquelle a de fort bons havres , tant du costé du Sud Ouest que du costé de l'Est , & s'y trouve de fort bonne eau fraïsche , & grande pesche. Le pas est haut & bien garni d'arbres, & du costé de terre ferme est fort haut & aigu. Si vous desirez y aborder, vous n'avez rien à craindre que ce qui se presente à vos yeux.

Depuis ladite isle jusques à celle de saint Sebastien on compte vingt lieües, & jusques à l'isle des pourceaux, *ilha dos porcos*, il y a quinze lieües. Ladite isle des pourceaux a un fort bon havre, mais il est trop en dedans du pays. D'icy à l'isle de saint Sebastien il y a quatre lieües : cette ille est grande & haute, bien garnie d'arbres , & a de bonnes entrées tant d'un costé que d'autre. Elle git Nordest & Sudouest, environ demie lieüe de là vers la terre est la rade ; & au Sudouest est l'isle *dos alcatrafes*, pres de laquelle se trouvent trois écueils, & au Sud se void une petite isle, qui est un fort bon signe pour reconnoistre en quel endroit on est, car le pays est de temps en temps couvert de nuages & de broüillars, de sorte qu'on ne peut le reconnoistre ; mais voyant cette petite isle on sçait où on est.

Depuis cette isle à la baye saint Vincent il y a 13 lieües, qui est un chemin aisé , & se trouvent en ce pays trois isles nommées *as ilhas de boa sicanga*. A six lieües desdites isles est le havre nommé *à Barra de Bertioga*, qui est fort bon & profond. Entre cet havre & lesdites isles se void une isle ronde nommée *Monte de frigo*, montagne de froment, qui est un fort bon signe pour aller au havre de Bertioga. Depuis ce havre jusques à un autre havre, nommé *à barra d'esteauo da costa*, il y a cinq lieües, & ce havre est fort bon pour les grands Navires , ayant une baye fort commode. Que si vous ne desirez pas y entrer, vous avez en dehors tout joignant le pas une isle nommée *à ilha da mocla*, où vous pouvez anchrer.

Au delà de ce havre au Sudouest git une isle appellée *à ilha Queimada*, l'isle arse, laquelle est belle & entierement pierreuse. Il y a un beau fonds le long de cette isle, au Sud Sudest du havre il y a un écueil inconnu à plusieurs , lequel se montre de l'eau : il git au milieu de ladite isle & de l'isle *dos alcatrafes.* A trois lieües de là est une autre isle nommée *Canauexis*, autrement la forest des roseaux ; le cours le long de la coste est Nord, Nordouest & Sud Sudest. Cette isle git à la hauteur de 25 degrez & demi., & s'y trouve un bon havre & quantité d'eau fraische. Il y a du costé du Sud deux petites isles de pierre de roche, dont l'une est longue & quelque peu ronde, vis-à-vis desquelles est la riviere de Canavea, en laquelle on peut entrer avec des petits vaisseaux.

De Canavea à l'isle de sainte Catherine il y a 50 lieües, & est le cours le long de la coste, Nort & Sud. Cette isle est longue de huit lieües, & est bien garnie d'arbres. Elle git le long de la coste, laquelle s'étend Nord & Sud. Au costé meridional de ladite isle se void une autre petite isle nommée la *Galere.* On n'y peut approcher du costé du Nord qu'avec de petites barques & bâteaux ; mais du costé du Sud l'entrée est fort bonne pour des grands vaisseaux, & s'y trouve beaucoup d'eau fraische. Il y a bonne pesche & bonne chasse, elle git à la hauteur de 28 degrez. D'icy au havre de Dom Rodrigo il y a cinq lieües : cinq lieües plus avant est le havre nommé *dos paros*, autrement des oysons : on l'appelle encore *la laguna*, le lac ou étang lequel ne peut contenir que de petites barques & fregates.

D'icy à la riviere de *Plata* il n'y a aucun havre où on puisse surgir, & la coste s'étend Nord, Nordest & Sud Sudouest. Faisant voile de l'isle sainte Catherine vers ladite riviere, vous pouvez tenir la route du Sud jusques à la hauteur de 34 degrez & deux tiers ; alors vous pouvez dresser vostre cours vers la terre, & si vous découvrez une terre qui montre comme une isle appellée *los Castillos* les Chasteaux, vous singlerez le long de la coste, laquelle vous demeurera au Sudouest, & Sudouest tirant sur le Ouest, & aussi au Ouest Sudouest, ne croyez pas voir le cap de sainte Marie, à cause de sa bassesse on le peut difficilement remarquer. Là vous verrez quelques basses, neanmoins vous n'avez rien à craindre ny à éviter que ce qui se void, & en ce cas vous ne verriez pas terre en tenant ledit cours ; & si en jettant la sonde vous trouviez 10. 14. & 18 brasses, ne craignez rien ; car vous avez un mesme fonds & estes en bon chemin.

Vous trouvant en ce pays comme il a esté dit, singlez aussi long-temps que vous puissiez voir terre, & vous verrez l'isle des loups : *ilha dos loubes*, ainsi appellée à cause qu'on y trouve plusieurs loups, elle est basse & entierement pierreuse. Elle a du costé du Sud une petite isle, & du costé de l'Est une basse ; mais il n'y a rien à craindre que ce qui se void, cette isle git à deux lieües & demi de terre au Nordouest ; plus avant se void une autre petite isle plate avec une bruyere basse, laquelle git tout joignant la coste, & s'y trouve un bon havre pour y anchrer à l'abry des pluyes venant du Sudouest. Si vous singlez le long de cette isle du costé de l'Est Sudest, approchez la pointe de terre ferme, laquelle est basse & pierreuse. Entre ladite pointe & ladite isle il y a un banc qu'on peut dans le moment connoistre à l'eau qui s'y rompt : & si vous abordiez là vers le Nordouest, vous n'avez rien à éviter que ce que vous voyez, & pour anchrer vous faut approcher tout joignant l'isle. Vous y trouverez de l'eau fraische & bonne pesche.

Estant en ce pays vous vous tiendrez sur vos gardes, car en cet endroit commance la premiere terre haute, & dix lieües plus avant se trouve un banc fort dangereux à quatre lieües de terre ferme, lequel est long de deux lieües, on passe entre ledit banc & terre : vous prendrez garde que faisant voile vers le haut pays vous devez prendre vostre cours à une lieüe & demie ou deux prez de la coste à cause dudit banc, & aurez la sonde à la main, vous tenant bien sur vos gardes, & si le temps n'estoit pas propre pour nauiger de nuit, le meilleur sera de moüiller l'anchre, & attendre le jour pour voyager plus seurement, quand vous jugez avoir passé ledit banc, vous verrez une montagne, nommée *o Monte de Sancto Seridio*, haute & ronde, & telle, qu'il n'y en a pas de plus haute en tout ce pays, entre ladite montagne & le banc,

git l'isle

git l'iſle des Fleurs, *a ilha des Flores*, laquelle vous pouvez paſſer ſans crainte.

Venant à l'eau fraiſche, laquelle coule juſques à vingt-cinq lieües au deſſous de la riviere de bon air, *Rio de buenos aires*, dreſſez voſtre cours au Oueſt, & vous viendrez dix lieües au deſſous de ladite riviere, qui eſt la meilleure navigation qu'on puiſſe faire.

Vous ſerez ſoigneux d'avoir toûjours la ſonde à la main, & venant à la profondeur de trois ou quatre braſ-ſes, ceſſez de ſingler plus avant s'il faiſoit nuit, de jour vous pouvez voir quel cours vous tenez, & devez naviger à la veuë de terre, de ſorte que vous puiſſiez voir diſtinctement les arbres qui y ſont, vous tenant à deux lieües de là tout au plus : car vous ne pouvez paſ-ſer les Buenos aires ſans voir les maiſons dudit endroit, qui pour la pluſpart eſt un pays eſlevé, ſemblant une dune, ayant trois lieües de longueur, & s'eſtendant juſ-ques au bord de l'eau. Si-toſt que vous vous trouvez à la veüe de ce pays, vous dreſſerez voſtre cours droit vers leſdites maiſons, vous tenant plus du coſté du Sud, là où eſt le puits où les navires ſe mettent à l'anchre, ſi vous deſirez ſingler vers le Nord, vous prendrez voſtre cours de l'iſle des Fleurs ou bien de Sancta Herodia, environ une lieüe & demie de terre, ſinglant â la profondeur de trois braſſes & demie & quatre, juſques à l'iſle de ſaint Gabriel, qui ſont trois petites iſles ſans aucune rade, & ſi vous poſez là, ne vous avancez pas legerement vers la coſte : les habitans tout le long de la coſte ont guerre avec les Eſpagnols & les Portugais, le meilleur de cette navigation eſt du coſté du Sud, en dedans, où ſe trouve l'eau fraiſche.

ANCHRAGES ET PROFONDEVRS DES RADES
& Haures en la Mer Glaciale & en la Mer Blanche.

AU Sud de l'iſle de Colgoy, on trouve ſeize braſſes, en l'iſle de Calcova il y a trois btaſſes au port de mer qui eſt en la coſte Orientale à 66 degrez 20 minuttes de latitude : Ce port eſt aſſeuré à cauſe d'une petite iſle qui eſt vis-à-vis, laquelle a cinq braſſes du coſté de l'Eſt. Au cap Candenoës qui eſt la partie la plus au Nord, on trouve quinze braſſes, qui vont en diminuant juſques à l'autre cap Meridional, appellé *le Cap Barſo*, qui eſt ſous le 66 degré de latitude, où il n'y a que trois ou quatre braſſes, le flux eſt à douze heures : pres de la côte Occidentale, depuis 68 degrez de latitude, il y a des rochers qui s'eſtendent vers le Nord, & en la côte Orientale, ils s'eſtendent vers le Nord depuis 69 degrez de latitude.

Dans le golfe de Mezenſch, formé par le cap de Bonne Fortune, & par la pointe Meridionale de l'iſle de Colcova, on trouve le port de Kilda au côté Occidental, où il a huit à neuf braſſes de profondeur.

Entre le cap de Pentecoſte & la pointe de Catſnoës, ſous le 65 deg. de latitude, il y a vingt braſſes devant Kacernes, vis-à-vis de la pointe de Catſnoës, on trouve dix braſſes : Apres avoir paſſé ce cap 5, 6, 7 braſſes au Sudoueſt, & devant les quatre iſles de Podeſemſche, trois & quatre braſſes : à l'emboucheure de la Duvine ſix braſſes: devant Saint Michel Archange quatre braſſes, au port S. Nicolas du côté de l'Oueſt il y a cinq braſſes.

Au cap d'Onega qui eſt ſous le 65 deg. douze minuttes il y a dix braſſes, puis neuf ou eſt l'anchrage, ſçavoir au côté Occidental, devant l'emboucheure de la riviere de ce nom ſix à ſept braſſes : au cap Orgoloffes, 7 braſſes, & le long de ſa côte vers le Sud, juſques à la riviere

de Panoy, on trouve fonds de 7, 8, & 9 braſſes, à l'emboucheure de la riviere de Kola qui eſt ſous le 69. degré
quinze minuttes, il y a cinq braſſes.

Profondeurs des Rades & Ports de la Mer Baltique.

AU tour du cap de Domeſnes, on peut anchrer à ſix
braſſes, au port de Vindau cinq braſſes, au port de
Liba ſix braſſes, à la rade de Memel ſix & ſept braſſes, à
l'entree de la Baye de Conniſberg 5 braſſes, hors de cette
Baye, au delà d'une langue de terre 7 & 8 braſſes, aux
côtes Meridionales de l'iſle Gotland, 6, 7, 8, 9 & 10
braſſes, aux coſtes de l'iſle de Bornohlm 20 à 12 braſſes,
dans le golfe de Dantzik depuis 10 juſques à 40 braſſes,
devant Parnom 4 à 5 braſſes, dans le golfe de Revel depuis
ſix juſques à vingt braſſes.

Entre Gotland & les eſcueils de Suede en la route, il
y a 34 à 38 braſſes, & pres de Gotland 25 braſſes.

Quand Houbourg eſt au Nord Nordeſt à cinq lieües
de vous, il y a 15 braſſes.

Entre Gotland & Oelant, le fonds eſt inegal, car on y
trouve 22. 23, juſques à 29 braſſes.

A deux lieües à l'Oueſt de Zuidernoorden, il y a 27 à
29 braſſes.

Entre Bornholm & Reefcol en la route il y a 27 à 28
braſſes, quand Ryghshooſt vous eſt au Sudſudoueſt, environ une lieüe, il y a 30 braſſes, quand il eſt au Sudoueſt
28, & quand il eſt à l'Eſt 16.

A la rade de Heel, on trouve 25 braſſes entre Loo-
ckſtede & Senebergen, on voit la terre à 32 braſſes,
entre Anout & Zeelant, 18 à 20 braſſes, au canal qui eſt
entre Anout & Zeelant, il y a 21 à 23 braſſes, autour de
l'iſle de Maleſon, 7 à 8 braſſes.

Profondeur de la Mer d'Allemagne.

ENtre Heyligeland & Ameren, il y a 10 à 11 braſſes,
autour d'Heyligeland, il y a 7 à 9 braſſes, pres de
Preterſland, 12 & 13 braſſes, à 12 & 13 braſſes on uoit Ame-

land, & à 14 & 15 braſſes Rottum & Borckum, à 14 &
15 braſſes on voit Baltrum, Langeroot & Merangeroog.

Devant Gravefant, il y a ſix à huit braſſes.

Devant la Meuſe & Goerée, l'on voit la terre à 14
braſſes, vis-à-vis & hors les bancs de Flandres, il y a 18,
19 & 20 braſſes, entre Marſdiep & le pas de Calais, 23
& 24 braſſes.

Oſtende, Nieuport & Dunkerque, ſont des Havres
de Marée.

ANCHRAGES ET PROFONDEVRS DE LA
Coſte d'Angleterre, commençant au Cap de Cornoüaille, ſelon la coſte Meridionale.

AU milieu du Havre de Falmout, on trouve ſix
braſſes ſeptentrion, d'un terroir eſlevé, 12. à 13
braſſes.

Devant Plymouth, on trouve 4 braſſes à baſſe marée,
devant Darmouth 4, & au dehors long de la coſte 10 à
12 braſſes. Devant Torbay 7 à 8 braſſes. Devant Exmouth
ſix braſſes, devant Portland, 5, 6 & 7 braſſes, devant
Poole, devant Neuport qui eſt au Nord de Vuich, il y
a 9 à 10 braſſes, en la coſte Occidentale de cetté iſle, il
y a 4 à 5 braſſes, & en la partie Orientale de ladite iſle,
6 à 7 braſſes, au havre de Porthmouth 4 braſſes, au havre d'Arondel 2 braſſe à baſſe maree, devant Sarring 5
braſſes, devant Niemerhave 8 braſſes, devant Crackmer
Haven 10 braſſes, devant le cap de Beccie 8 à 9 braſſes
devant Haſtings 7, devant Comber 10, devant les Sin-
gels 4, vers le cap de Nes 6, devant Homney 7, devant
Douvres 7 à 9 braſſes, à la rade depuis Douvres juſques
à Sandvuich 4 braſſes : Ce ſont les profondeurs qui ſont
en la côte Meridionale.

Suivent apres les profondeurs de la coſte Orientale
d'Angleterre.

Au cap Nord de Foreland 8 braſſes, à l’emboucheure de la Tamiſe 7, au dedans de cette riviere, devant Tiberre 6, devant Graveſand 5, devant Blackvuale 4, devant Ratlif juſques à Londres, trois.

Devant Oxfort 5 braſſes, devant Alborou 6, devant Hardervuich 3, 4 & 5, devant Bornum 6, devant Lin 3 & 4, devant Boſton 4, devant Hull 5, dans la Baye de Brilington 6 & 7, elle eſt ſous la hauteur de 54 degrez, dans la Baye de Robbin Hood 7 à 8, devant Shelron 6, deuant les trois Seiches 10, devant Hartepool 4, devant Souterland ſept à huit, devant Neufcaſtel trois : ce port eſt ſous le 55 degrez de latitude, devant Vuarvuorth 6, devant Bamberg ſept.

Suivent apres les profondeurs des Rades, Coſtes & Havres du Royaume d’Ecoſſe.

Le long de la coſte de la ville de S. André 12 à 15 braſſes, devant Donde 6 à 7, à l’emboucheure de la riviere de Loüen 8, devant Steon Bay 12, devant Aberdon 4 à 5, devant Boqueneſſe 7 à 8, l’aiguille y varie treize degrez Nordeſt, ſous le 58 degrez de latitude, à la rade de Lyth trois braſſes & demie à baſſe marée, & ſept de haute, à la rade de la Mule 10 à 14 braſſes.

Profondeurs des Rades d’Irlande.

TOut joignant la pointe du Sud de la Baye de Dublin, eſt la petite iſle d’Alkée, entre laquelle & la terre il y a une petite baye où on peut anchrer à ſept ou huit braſſes.

Au dehors du port de Vaterford on trouve, 11 & 12 braſſes, à l’emboucheure du port 7 à 8, & au dedans 6, dans la partie qui eſt à l’Eſt il y a bonne rade & 5 ou 6 braſſes, à celle du coſté de l’Oueſt à deux ou trois lieües de ſon emboucheure il y a bonne rade, en la baye de Bantrie 12 à 13 braſſes, devant Condon Derric 4 à 5, dans le havre de Kilbeg & de Dungal 5, 6, 7 & 8, pres du cap d’Ardimore du coſté de l’Eſt, l’anchrage eſt à 7 ou 8 braſſes du coſté de l’Oueſt, au port de Vexford, il y a cinq braſſes d'eau, à l'emboucheure de cet havre il y a un eſcueil à travers, où il y a environ ſeize pieds d'eau, quand les marées ſont hautes : quand on l'a paſſé, on trouve quelque temps trois braſſes, puis trois & demy, & quatre : mais apres on ne trouve que dix pieds & dix pieds & demy à haute marée, encore qu'au deſſous du Chaſteau où les Vaiſſeaux moüillent l'anchre, il y ait quatre braſſes, & devant la Ville trois.

PROFONDEVRS DES PORTS ET RADES DES
Coſtes de France.

DEVANT Calais 7 braſſes, devant Boulogne 3, devant Eſtaples 7, en la rade qui eſt entre les rivieres de Canche & d'Anthy 8, à la rade de Treſport 10, à la rade de Dieppe 10, en la Rade qui eſt entre S. Valery & le cap des Dalles 10, depuis le cap de Dalles juſques à Fecam 8, puis 3, & apres 2, devant Fecamp à baſſe marée : au cap de Caux 5 & 7, au havre de Grace 6, en la rade qui eſt entre les rivieres de Foſſe & de Caën 7, à l'Eſt du cap de Barfleur 5, au cap de la Hague, 7, au Nord des iſles des Caſquets 25 & 30, en la rade depuis le cap de la Hague, juſques à Granville 9, puis 8, apres 10, 11, 14 vis-à-vis du cap de Recha, puis 7 & 10 devant Mortefaim, audit Sud de l'iſle de Garneſey 12 au Nord de l'iſle de Jarſei 12 à 15, devant S. Michel trois & quatre, devant Pontorſon deux.

Profondeurs de la Coſte de Bretagne.

A La rade de Cancale 8 braſſes, devant S. Malo 5, & à haute marée 14, au cap de Freſle 9, à la baye de Briac 9, 10, & 11, au Sudeſt de l'iſle d'Oueſant 10, en la rade qui eſt entre Feneſtriers & S. Mahe 10, dans la baye de Breſt 10 à 12 braſſes ; en la rade qui eſt entre Fontenau & Audierne 6, à l'entrée du havre de Penmark 10,

en la rade qui eſt entre Penmark & le cap de Bindet 10, en
en la rade de Douelan juſques à Quinperlay, 12. à 16, br. devant 6, au Nord de l'Iſle de Grouais, 6, 7 & 10 br. devant
Blavet 4, devant Quiberon 6, au Sud de l'Iſle de Belle-Iſle,
14 à 15 br. devant Morbion 10, entre la pointe de Penelen
& Perierf 7 à 8 br. en la rade de S. Joline 8 & 9, à l'emboucheure de la riviere de Vilaine 9, à l'emboucheure de la riviere de Loire 6, puis en dedans 5, 8, 7, & au Nord de l'Iſle
de Nermonſtier 6 & 7 br. au Nord de l'Iſle-Dieu 10 br. devant Olone 7 braſſes.

Profondeurs de la coſte de Poiƈtou.

DEvant la Rochelle 5 braſſes, au Nord de l'Iſle de Ré,
5, 9 & 10 br. devant la Tour de Carel 9, à l'emboucheure de la riviere de Charente 7, devant ſaint Jean d'An-
gely 10, devant le Broüage 6, au Nordoueſt de l'Iſle d'Ole-
ron, 5, 7 & 8, & au Sudeſt de la meſme Iſle 12, & au Sud 4
& 5, devant Marenes 7, au cap de Marenes 10, à l'emboucheure de la Garone 4, 5, en dedans de cette riviere devant
Royan 10, devant Mortagne 4, devant Soulac 11.

Profondeurs des rades & ports de la coſte de Gaſcogne.

DAns la baye du port d'Archaſſon, 10 à 14 braſſes, hors
la baye, 9, 8, 7, br. à l'emboucheure de la riviere de
Bayonne 4, en dedans la riviere pres de Bayonne 5, & devant ſaint Jean de Luz 8.

---

*PROFONDEVR DES RADES ET PORTS
d'Eſpagne aux coſtes de Biſcaye.*

EN la rade de ſaint Sebaſtien 20 braſſes, en la rade qui
eſt entre Bilbao & Caſtro 12 br. devant Caſtro 5 & 7, à
l'entrée de la baye; en la rade qui eſt entre Caſtro & Lareda
18 à 20, devant Lareda dans une baye 7, devant le mont
ſaint Antoine 20, devant ſaint André 5 5 & 7. à l'entrée du

port 10,14, 15 & 19, au cap Resgo 10 à 15, au cap S. André 18, en la rade saint André vers l'Ouest 10.

Profondeurs des rades & ports des costes de Galice.

A L'entrée du havre de Villa-viciosa 6, en la rade qui est entre Villa-viciosa & Sanson 10, dans le havre de Sanson 6 & 7, dans le havre de Gyon 6 & 7, devant Torres 6, autour du cap de Pinas 10, en la rade qui est entre le cap de Pinas & Aviles 5, en la rade qui est depuis Aviles jusques à Rive-Dieu ou *Ribadeus*, 15 à 16 br. devant Rivedieu 5, en la rade qui est entre Rive-Dieu & Viverus 10, dans le havre de Viverus 12, puis 8 & 7 devant Viverus, en la rade de Viverus 7 & 8, devant Ortegal 6, au tour du cap d'Ortegal 10, en la rade qui est entre le cap d'Ortegal & Sivero 10, 12 & 15, à l'entrée du Havre de Sivero 12, & devant Sivero 10, devant Ferol 7, devant Ponte de Mas 10, devant Corunne 7 8 & 12, à l'entrée du havre de la Corunne 20, en la rade depuis Corunne jusques à l'Isle de Cysargüe 35, en la rade de Quiers 12 à 15 br. en la rade qui est entre le cap Belin & le cap Coriane 8, 7 & 6, au Nord du cap de Finistere 7, & au Sud de Finistere 16, devant Corbio 7, en la rade qui est entre Corbio & Moros 10, devant Moros 10, en la coste qui est entre Moros & l'Isle Blidones 20, devant Vigo 10 & 13, à l'Est de l'Isle de Bayone 12, au golfe de Bayone 5 & 7, en la rade qui est depuis le cap Phaselis jusques au cap Lamino 20.

PROFONDEVRS DES RADES ET
Ports des costes de Portugal.

A L'emboucheure de Mino devant Camino 6, en la rade qui est entre Camino & Viane 12 à 10, devant Viane 10, à l'Est de Minos 7, en la rade qui est entre Espofende & Ville-conde 12, devant Ville-conde 3, devant Zurara dans la baye de Conde 7, en la rade qui est
entre

entre Ville Conde & Port à Port 7, devant Port à Port &
à l'embouchcure de Duero, 1 2 & 3, en la rade qui eſt entre le cap de Port à Port juſques à Avero 8 & 10, en la rade
qui eſt entre le cap d'Avero & le cap de Montego 7, au
Nord des Iſles Berlingues 25, entre les deux Iſles vers l'Eſt
15, au Sud 10, devant le cap de Peniche 6, devant Atogie
5, en la rade depuis les Iſles Berlingues juſques au cap de
Roxent 25, devant Lisbonne 10 à 20 br. en la rade depuis
Lisbonne juſques au cap de Spichel 15 & 10, devant Zi-
zembre 10 & 15, devant Villa Biancha 10, devant Setuval 10.

Profondeurs des rades & haures d'Andalouſie en Eſpagne.

AU cap S. Vincent 15 à 20, à l'Eſt de l'Iſle de Cadis 9,
& 10, à l'entrée du détroit de Gibaltar 17, au dedans
du détroit 24 à 40.

PROFONDEVRS DES RADES ET HAVRES
des coſtes d'Affrique.

AUx coſtes de Maroc devant Saffie 20 Braſſes, en la
rade qui eſt depuis Saffie juſques au cap de bon
Port au Sud de l'Iſle Mogodor 25 br. en la rade
qui eſt depuis le cap de Toffellana juſques au cap de Guer
10 à 12 br. en cette rade le flus eſt à 3 heures.

En la coſte de Suz au cap de Guer devant ſainte Croix 5,
en la rade depuis ſainte Croix juſques au cap Gilon 10 à 12
br. devant Samarano 5, devant cap de Non, en la rade d'Am-
felli 10, au Sud du cap Boiodor 30.

Profondeurs des Iſles Tercere, Madere, & Canaries.

DEvant Angra au Sud de l'Iſle Tercere en Europe 9, à
la pointe la plus au Sud de l'Iſle de Tercere 25, au
Sud de l'Iſle S. Michel 25. A la pointe la plus au Sud de
C c

l'Isle Madere 30, devant Funchal en la mesme Isle 15 à 25 br. à l'Ouest de l'Isle de Porto-santo 15 à 20 br. mais dans la baye 7. A l'Est de l'Isle Canarie 10 br. à l'Est vers le Nord de l'Isle Teneriffe 15 br. au milieu de la coste Orientale 20, devant sainte Croix en la mesme Isle 26, le flux est à trois heures, en la coste Orientale de l'Isle Gomer 20 à 30 br. dans la baye 7, 10 & 12, en l'Isle de Palme & en la coste Orientale 10 a 20 br. devant Forteventura en l'Isle de ce nom 15 br. en la rade Meridionale de la mesme Isle, 8 9 10 & 12. au Nord de l'Isle Lancerote, il y a 10, 15 & 20 br. au Sud de l'Isle Lancerote, entre l'Isle de Lobos & la coste 20 & 21 br. au fleuve Gaba proche la ligne, 2 à 3 br. à l'Isle sainte Heleine 10 brasses.

Profondeurs des rades & ports de la coste de Zanguebar en Affrique.

EN la coste de çofala qui est en la coste Orientale des Caffres, il y a 6 & 7 br. sçavoir à 7 ou 8 lieües de terre, devant Moçambique 7 à 9 br. devant Quiloa 5 br. au canal des Isles premieres & des Isles d'Angoxa 10 à 12 br.

PROFONDEVRS DES HAVRES ET RADES
en la coste des Indes.

EN la rade qui est entre Goa & Baticale, sçavoir à 4 lieües de terre 26 brasses, en la rade qui est entre Mangalor & Cananor à 3 lieües de terre, 15 br. devant Barcelor 7. En l'Isle de Ceilan entre Columbo & Negombo 8 & 9 br. devant Siam 9 à 10 br. vis-à-vis d'Aracan à 7 ou 8 lieües de terre 20 br. devant le havre de Martaban 9 br. à la coste de Malaca à 2 lieües de terre 16 à 17 br. devant Malaca 6 à 7 br. au détroit de Sund entre Java & Sumatra 40 br. ou plus, entre Colombo & Negombo en l'Isle de Ceylan 8 à 9 b. depuis le détroit de Sincapura jusques à la pointe de Tamainburo 7 à 8 br. entre Java & Sumatra 40 br.

au golfe de Camboia 28 à 40 br. De Pulofefir à Pulocon-
dor courant le S, SO puis le SO-¼ S on a 18 à 20 br.

Anchrages de la mer de la Chine.

AUx coftes de l'Ifle de Sanchoam 6 à 7 br. à la pointe
de Cuy à une lieüe de terre 11 à 12 braffes.

PROFONDEVRS DES RADES, PORTS,
& Ifles de l'Amerique.

EN CANADA.

AU port de Carpunt 3 à 4 braffes, à l'embouchure de
fainte Marguerite 2 à 3 br. au port de Tadouffac 10
à 20 br. à l'emboucheure de Saguenay 200 br. en la
rade du cap Gafpé, du cofté du Nord, 12 à 15 br. à l'Eft de
l'ifle Bonaventure 20 à 25. au Sud de l'ifle de Pengo 15, au
Sud de l'ifle Brian 17, au Sud de l'ifle S. Jean 2 & 3 br. devant
l'ifle percée à 2 longueurs de cable, 2 à 3 braffes. Au port
des Moutons 7 br. à l'entrée du cofté du Nord 2, & à l'entrée du cofté du Sud 3 & 4, dans la baye de Riftigouche, au
Port Royal 18 à 20 br. à l'emboucheure de la riviere de faint
Jean, fous le 45 degré, 40. min. 16 braffes.

En la cofte de la Virginie.

DAns le golfe de la Virginie on trouve entre le cap
Charles & le cap Henri 6 br. puis 8 10 & 15, au Sud
de l'ifle de Smith, vis-à-vis du cap Charles, 6 br. en la rade
qui eft depuis cap Henri jufques au cap Hattorach, 6 7 8 9
& 10 br. au refte de la cofte jufques au cap de la Virginie,
fçavoir à l'Orient des ifles qui font rangées le long de la
cofte, il y a 1 & 2 br. dans le golfe du Prince proche la terre
3, mais en s'éloignant de la terre on trouve 6 à 10 braffes,
au cap de faint Roman 3.

Profondeurs des haures & rades de la Floride.

ENtre la riviere de Canuas & le cap de Arenas, 3 br.
en la rade de S. Auguftin 3. br. au tour du cap de Ca-

naveral 10 à 11 br. Dans l'emboucheure du canal qui entre dans une ance du costé d'Orient de l'isle de Bermude 3 br. A l'isle de Caicos une des isles Lucayes, il y a un port du costé du Nord où il y a 10 à 12 brasses. Dans l'isle de Cuba à la baye de Porto-portillo trois brasses.

ANCHRAGES DES RADES ET PORTS
de la nouuelle Espagne.

PRES de la riviere de Panuco 40 brasses, au port de S. Jean d'Ulna 4 br. à l'emboucheure de la riviere de Grailua 8 brasses, pres de l'emboucheure de *San Pedro* & de *san Paulo* 40 br. pres de la rade d'Almeria 40 br. pres de *Villa-ricca* 16 br. pres de *Rio Palmas* & de *Montanas* 40 br. dans la Jamaïque en la baye de *Palmeito* il y a 3 br. entre la baye de Bleu-fields & la pointe de Perkinsons 10,8,5,4,2, dans la baye de Rabins 3,2, en la baye de Pavathe 10, à l'emboucheure de Savana il y a bon anchrage, tous ces anchrages sont du costé du Sud de l'isle de la Jamaïque.

Anchrages de la Castille d'or.

AU milieu du port de Portovelo on trouve 12 brasses, au port de sainte Marthe 20 br. au port de Coro autrement dit *Venesuele* 3 br. A l'emboucheure de la riviere de Cauuo aux costes de la Guaiane il y a 3 brasses, à l'emboucheure de Vviapoco il s'y trouve 14 ou 15 pieds de profondeur. A l'emboucheure du fleuve Tinare dans le Bresil, 6 à 7 br.

Anchrages des costes de la Platta.

A L'emboucheure d'Ararapira 4 br. à l'emboucheure du canal de Superabu 6 br. à l'emboucheure du canal de Baysagasu 5 brasses, dans le canal de Ibopupeteba 6. à Buenos agros trois brasses.

REMARQVES D'ALEIXO DA MOTA,
sur les Isles basses, & Riuieres dont il a parlé dans les Routiers precedens des Indes Orientales.

L A basse de S. Lazare qui est à l'Est des Isles de Querimba, a 7 brasses d'eau, suivant quelques Routiers : pour moy j'ay trouvé que cela n'est point ainsi, comme il a esté rapporté dans l'art. 11 du Routier qui conduit de Goa au cap de bonne Esperance par Moçambique, sçavoir quand on passe entre la terre ferme & l'isle de saint Laurens.

Cette basse fust découverte par Pierre Attaïda, qui se perdit dessus en l'an 1504 en venant des Indes, quelques-uns de l'équipage se sauverent à Melinde.

L'isle de l'Ascension qui est par les 20 degrez de latitude Sud, fut découverte par Jean de Nova en allant aux Indes l'an 1501, & luy donna le nom.

Le mesme Jean de Nova découvrit l'isle de sainte Helene en revenant des Indes en l'année 1502. & luy donna le nom.

Diego Fernandes Pereïra, fut le premier qui hyverna dans l'isle de Saccotora, en l'an 1503.

Antoine de Saldagne allant aux Indes en qualité de Capitaine major, découvrit l'isle de S. Thomas, & de là fut à l'aiguade de Saldagne, & luy donna le nom en l'an 1503.

Fernando Joares venant des Indes en qualité de chef & premier Capitaine de 8 Navires, découvrit l'Isle de S. Laurens en l'année 1506.

Tristan de Cunha allant aux Indes, découvrit les isles qui portent son nom, en 1506.

Le mesme Tristan de Cunha en la mesme année 1506, découvrit l'isle de S. Laurens du costé d'Ouest.

*Obseruation d'Aleixo da Motta Portugais , de la baſſe
de Iudia.*

QVand je vis cette baſſe je fus tout un jour à la paſſer,
eſtant du coſté de l'Oueſt , à la diſtance d'environ
une lieuë & demie , avec un petit vent de l'Eſt Sudeſt qui
venoit de deſſus le banc , ce qui fut cauſe que je la rangeay
de ſi pres ; ce jour là je la vis de pleine & de baſſe mer , &
remarquay qu'elle eſt en forme de triangle , parce que
quand ie la découvris , j'apperceus une de ſes pointes vers
le Nordeſt, & de ce lieu je courus auſſi Nordeſt le long de
cette baſſe , juſques à deux heures apres midy , la voyant
toûjours continuer vers le Nordeſt avec ſes roches , juſques à la pointe où elles finiſſent , & cette pointe nous de-
meuroit au Sudeſt : quand je fus vis-à-vis d'elle , & quand
je commençay à voguer le long de cette face, j'en vis un autre qui alloit vers le Nordeſt : on ne pouvoit decouvrir ny
remarquer là aucun cap de deſſus le maſtereau : & auſſi
quand on eſt à la pointe qu'elle fait vers le Nordoueſt , on
ne peut découvrir de deſſus les maſtereaux la pointe qui eſt
vers le Sudeſt ; & j'ay ſeulement remarqué que cette face
court du Nordoueſt au Sudeſt , où elle finit à une iſlette
qui eſt vers le Sud : ainſi cette baſſe a trois pointes , dont
l'une commence au Soudoueſt , & court juſques à la pointe du Nordoueſt , & de là va vers le Sudeſt , où elle ſe termine à la pointe de Sudeſt , & ainſi elle eſt triangulaire

Cette baſſe eſt aſſez étroite ; car de deſſus la hune on
void la mer rompre de l'autre coſté : J'apperceus en cette
baſſe une fort grande eſpace tout remply de corail blanc ,
qui paroiſſoit comme une plaine de ſable. J'y remarquay
auſſi pluſieurs pointes de rochers qu'on eut pris de loing
pour des arbres ; mais je n'ay point veu de ſable ſur cette
baſſe , comme quelques Pilotes ont dit qu'ils y en avoient
apperceu : & pour moy je croy que ce qu'ils ont veu eſt
l'endroit où eſt ce corail blanc, qui de loin reſſemble à du
ſable dans le temps de la baſſe marée ; car de plaine mer on

n’y void ny corail ny rien de blanc ; mais bien dans le milieu de cette basse j’ay remarqué un grand espace de mer qui est couleur tirant sur le verd, comme de citron : Cette eau est fort calme & comme celle d’un étang, au lieu que long de la basse, la mer brise avec violence. François Sedenho a trouvé que cette basse estoit à la hauteur de 22 degrez. Garpar Gonsalves l’a trouvée à 21 degrez 30 minuttes, & moy à 21 degrez 12 minuttes.

Remarque d’un Pilote qui a veu cette basse en l’année 1640.

ALexis de Motta a couru cette basse du costé de l’Ouest allant vers le Nordest, en la hauteur de 21 degrez 12 minuttes : & moy je l’ay veuë en la hauteur de 22 degrez, & en estant à trois lieuës nous courûmes vers le Nordest ; & parce qu’il nous sembloit que c’estoit une isle, nous cinglâmes vers l’Est & l’Estnordest, & de nuict sa pointe estoit au Sud de nous, car il me falloit traverser en cette hauteur, je ne vis point les rochers couverts d’eau, mais seulement une isle de 6 ou 7 lieuës, avec du corail ou du sable. J’y apperceus aussi des caps en forme de deux petites montagnes assez hautes, avec une infinité d’oyseaux, encore qu’Alexis de la Motte dise qu’il n’en a veu aucun de ce costé là : la mer ne me parut point briser avec tant de furie qu’il dit, si ce n’est à la pointe seulement. Je n’apperceus point aussi d’eau en pas-un endroit de ce banc, mais je la trouvay de mesme façon par tout, depuis le matin jusques au soir.

Il est facile d’accorder Alexis de la Motte avec cet autre Pilote, parce qu’Alexis a passé par le costé d’Ouest de ces basses, & ce dernier par le costé de l’Est, où il a veu des oyseaux qui possible vont se reposer à l’isle qui est au Sud, ne trouvant rien du costé de l’Ouest de ce banc ; & c’est ce qui a fait croire à Alexis, qu’il n’y en avoit point dans l’isle, laquelle selon le rapport du dernier, a six ou sept lieuës de long, & ayant à traverser en cette hauteur, ainsi qu’il dit, il passa outre cinglant à l’Est & à l’Estnordest, vers l’isle de saint Laurens, & ne vid point la basse de Judia, mais seulement cette isle, ce qui peut estre cause qu'il l'a prise pour la basse entiere.

Situation de l'isle de Saccatora, ainsi remarquée en 1612.

LE milieu de l'Isle de Saccatora est en la hauteur de 12 degrez trente minuttes Nord ; sa longueur s'étend de l'Est-Nordest, à l'Ouest-Sudouest, où elle fait face du costé de Sud, il y a 16 lieuës d'une des pointes à l'autre : Cette isle est fort haute & pleine de montagnes.

Quand on est obligé d'hyverner sous cette isle, il faut aller reconnoistre la pointe de l'Est-Nordest par le costé de Sud de l'isle : Avant que de terrir, il en faut approcher jusques à ce qu'on trouve vingt brasses, & sur ce fonds il faut courir jusques à la pointe d'Ouest Sud-Ouest, qui est fort haute, escarpée, & ressemble assez au cap de Spichel ; & continuant d'aller sur cette profondeur de vingt brasses, il n'y a rien à craindre, tout y estant fort net & fonds de sable ; mais plus pres de l'isle où le fonds n'est que de 15 brasses, il y a des bancs de pierre.

Lors que vous serez vis-à-vis de cette pointe qui ressemble au cap de Spichel, vous découvrirez une autre face de l'isle qui git Sudest & Nordouest, ou peu s'enfaut, & qui a environ dix lieuës de long. Devant cette coste à quelques huit lieuës en mer, il y a deux islettes qu'on appelle *duas izmas*, ou les deux sœurs, qui sont éloignées l'une de l'autre d'environ quatre lieuës, & gisent entre-elles Sudest & Nordouest.

Quand vous serez au tertre qui ressemble au cap Spichel, il vous faut approcher de terre & aller le long de la coste sur quinze, vingt, & vingt-cinq brasses, & si-tost que vous serez vis-à vis d'une montagne haute & ronde qui est au milieu de cette face de l'isle, aupres de laquelle il y en a une autre plus petite & pointuë qui est fenduë par le milieu, qu'on appelle oreille de lievre, & que cette montagne vous demeurera au Nord, vous pouvez moüiller à dix-huit brasses, & il faut que ce soit en fonds de sable. Là vous serez à l'abry des vents d'Est, & il n'y a

point

point d’autre lieu en cette Isle où on puisse estre mieux à couvert de ces vents là.

Il faut porter des ancres à terre à cause qu’il y a beaucoup de fonds, & qu’il est de sable ; Et arrivant dans les temps de la pleine ou nouvelle Lune des mois de Decembre ou de Janvier, que les vents viennent du Nord, & qu’ils sont violents, font arracher les anchres s’il n’y a pas beaucoup de cable dehors.

Devant cette montagne où il a esté dit qu’il falloit moüiller, & au pied du costé de Sudest, on trouve de l’eau dans des puits qui sont à deux portées de fauconneau du rivage vers la montagne. L’eau en est un peu salée, mais c’est la meilleure qui soit du costé de cette Isle, & on y trouve du bois pour la cuisine.

Et bien que de ce costé là il n’y ait point d’habitation, c’est pourtant le meilleur endroit de l’Isle, le plus sein, & pour se guarantir des vents de l’Est, & dés que le Gouverneur de l’Isle apperçoit quelque Navire à l’ancre, il y envoye toutes sortes de rafraichissemens qui sont dans l’Isle.

De ce lieu ou il faut moüiller jusques à Calancia il y a dix lieuës, qui est une baye sur la mesme face de l’Isle ; mais à l’anse où est Tamareté, qui est l’habitation du Gouverneur, il y a de fort bonne eau & quantité de rafraichissemens.

On ne sçauroit hyverner dans aucune baye de celles qui sont du costé du Nord, dans le temps que regnent les vents d’Est. Il y a beaucoup de fonds tout autour de cette isle, de maniere qu’on ne peut moüiller que dans les anses ou tout contre les rochers de la coste, sur 15, 20, & 30 brasses.

Ceux qui hyvernent dans cette Isle, doivent partir pour Goa avec les premiers vents d’Ouest, & s’ils ne permettent pas d’aller vers le Sud de l’Isle, il faut suivre la coste, & s’en tenir le plus pres qu’on pourra jusques à Calancia : & de là il faut gouverner à l’Est, se tenant à deux lieuës de terre. Il n’y a rien craindre le long de cette coste.

Estant du costé du Nord, si le vent vous empêche de gouverner à l’Est, il faut lovier, allant tantost vers le Nord, tantost vers le Sud ; car en ce parage les eaux portent à l’Est.

FIN.

Dd

TABLE DV ROVTIER DES INDES
Orientales & Occidentales.

<h1 style="text-align:center">TABLE.</h1>

FIN.